U0155107

万川
reflections

一
步
万
里
阔

数据科学

未来 IT 图解 これからのデータサイエンスビジネス

（日）松本健太郎 假面分析员／著

刘晓慧 刘 星／译

DATA
SCIENCE

中国工人出版社

图书在版编目（CIP）数据

数据科学 /（日）松本健太郎，（日）假面分析员著；刘晓慧，刘星译 .
—北京：中国工人出版社，2020.11
（未来 IT 图解）
ISBN 978-7-5008-7511-6

Ⅰ . ①数⋯　Ⅱ . ①松⋯ ②假⋯ ③刘⋯ ④刘⋯　Ⅲ . ①数据管理—普及读物
Ⅳ . ① TP274-49

中国版本图书馆 CIP 数据核字（2020）第 216691 号

著作权合同登记号：图字 01-2020-4669

MIRAI IT ZUKAI KOREKARA NO DATA SCIENCE BUSINESS
Copyright © 2019 Kentaro Matsumoto, Masked Analyse
All rights reserved.
Chinese translation rights in simplified characters arranged with MdN Corporation
through Japan UNI Agency, Inc., Tokyo

未来IT图解：数据科学

出 版 人	王娇萍
责任编辑	金　伟　邢　璐
责任印制	栾征宇
出版发行	中国工人出版社
地　　址	北京市东城区鼓楼外大街 45 号　邮编：100120
网　　址	http://www.wp-china.com
电　　话	（010）62005043（总编室）　（010）62005039（印制管理中心）
	（010）62004005（万川文化项目组）
发行热线	（010）62005996　82029051
经　　销	各地书店
印　　刷	北京盛通印刷股份有限公司
开　　本	880 毫米 ×1230 毫米　1/32
印　　张	5
字　　数	120 千字
版　　次	2021 年 1 月第 1 版　　2024 年 1 月第 3 次印刷
定　　价	46.00 元

本书如有破损、缺页、装订错误，请与本社印制管理中心联系更换
版权所有　侵权必究

前言

本书是通晓数据科学、尝尽甘苦的 Masked analyze（以下简称假面分析员）和松本健太郎二人为了那些对商业数据科学充满期待却未得到理想结果，或略有不情愿却终于开始认真对待的读者们能够理解商业数据科学而写的。

初次见面，我是松本健太郎，本书作者之一。平时在东京 Decom 公司作为数据科学家从事研究和开发消费者心理的工作。

在拿到这本书的读者中，可能有人会问"都现在了，还需要数据科学的书吗？"但我认为，"正是现在才需要了解数据科学的书"。

本书最大的特点就是，通过商业数据科学饱经失败痛苦和成功喜悦的作者们完全不说漂亮话，也不必揣摩他人脸色，而是直言不讳地指出"（正因为这样）所以商业数据科学才失败"，"所以这样做才更好"。本书中有大量读者从 2011 年后的书籍中从没读到过的有关数据科学商业的真实信息。当然，也会确保基础部分内容。

在此先简单介绍一下作者。假面分析员自称为激进的数据科学家，不仅在媒体连载人工智能的文章，还在全国各地进行讲演，在推特（Twitter）拥有粉丝 1 万余人。当然，我也没见过面具后面的真容。

另外一位作者就是我，松本健太郎。虽然自称数据科学家，但非常拙笨，玻璃般脆弱的内心在报告会上不知受到过多少次挫伤。大概眼泪越多就会越坚强，现在基于失败的教训，我可以有把握地说，"至少这样做应该能防止失败"。

本书中，商业数据科学的过去（第一部分）与未来（第三部分）由假面分析员执笔，商业数据科学的具体运作方法（第二部分）由松本健太郎执笔。希望通过本书，读者可以了解因何种原因使工作无法顺利开展？本来应如何运作？因此，今后将这样发展等有关商业数据科学的过去、现在和未来。

松本健太郎

能这样
商业数

松本健太郎

松本健太郎（以下称为松）：大家好！与读者朋友的初次见面！我叫松本健太郎，永远五岁！

假面分析员（以下称为假）：你是在……生气吗？

松：上来就问我这样的问题吗？……的确是在发火呢，所以才要和你一起出这本书嘛！

假：为什么生气？

松：光是谈理想，都是完全没用的分析案例和自家产品宣传，我在为这种数据科学的书生气！不要再让我们一遍遍读人工智能热潮的历史啦！被这些书欺骗的新闻媒体和企业经营者也让我生气！

假：是吗？那你就让他们醒悟吧！

下去吗？
据科学！

假面分析员

松：不是这个意思。

假：那到底为什么生气？

松：对所有的事情。

假：所有又是指什么？

松：……

假：说说看！是对仅凭资历和口才一流、居高临下的数据科学家吗？还是觉得使用真实数据就能战胜 GAFA（Google、Amazon、Facebook 和苹果）的企业经营者？赶时髦吹嘘人工智能和机器人程序的咨询师们？还是忽悠做了数据科学家就能年收 1000 万日元的猎头中介？

松：所有这些想打着"商业数据科学"旗号赚便宜的人都在内吧。

假：大家可能都有各自的想法吧，消消气。

松：这不就写了这本书嘛。

假：坦率地说，你的心情如何？

松：这样下去我看不到商业数据科学的美好未来。

假：那就让他们这些人读读这本书吧。

松：（我不也一起写了吗）

假：向第一线的员工不客气地说出你的气愤，告诉他们真正的力量只有靠自己的努力，别指望你。

松：我就是要这么做啊。您不也算是代表人工智能或数据科学的第一人了嘛，大家都是期待看到您的尖锐意见才买这本书的。

假：（眺望远方）好像，事有点闹大了……

松：原本咱们是准备在 ITmedia（IT 信息公司）进行一对一对谈，然后互相写采访报道的。

松：拿着这本完全没有立场的书在各种公司发动革命吧！愤怒起来！像摔跤一样，给上司来个卍字锁！给经营者来个延髓斩！给媒体来个拱桥摔！

假：是要动真格吗？我们绝不能害怕爆发。

松：我是想动真格的。这本书不谈梦想也不谈理想！而是用一线员工的视角看待问题，非常实用。希望不仅是上司，经营者和媒体也都读一读。

假：你是抱着牺牲的决心吗？上司、经营者、媒体可都是既得利益者呦。

松：以前的网络公关系统（EPR）、商业智能工具（Business Intelligence tools）、ubiquitous 、Web2.0、大数据（big data）、物联网（IoT）、区块链（Block-chain）和当今的 RPA，以及今后的量子计算机（quantum computer）。

假：所以，为什么使用 Excel 工作呢？

松：不知已经持续了多少年了，不知变成现在这样有多少年了！石油就是数据，人工智能夺走了人的工作，在欧美早已作为再教育的一环开始了对 IT 素养的传授。只有日本依旧是电话、传真机和印章，光嘴上说，现实并没有改变。

假：如果是那样就打破现状吧，我一直都在跟别人强调不用客气，商业、出版业都在竞争，没有前辈晚辈之说，你客气我也为难，为什么要客气呢？！

松：不是客气。这是日本的传统，难道不是吗？自称的有识之士、有 MBA 头衔的人、有在硅谷创业经验又是人工智能型经营等，这帮家伙只有头衔、人脉、自娱自乐和外表，其实什么也不懂。忽视我们一线的想法，却想着要推动国家。这也太不合理了吧。

假：那就凭本事干吧！让这本书越卖越好，让他们看看一线和工程师的力量吧。

松：就这么干。

假：你真的能下决心干吗？

松：干！

（相互击掌）

假：真的？

松：真的。

假：那就好！

松：希望那些因上司甩手不管而不知所措的员工，对将来的职业生涯感到不安的学生，对一成不变的公司感到不满的年轻职员都能好好读一读。读了这本书就不用再在意 IT 素养还停留在"加拉格帕斯手机"（参见本书的"专业用语"）的家伙们胡说八道了。

假：如果是那样就太棒了。

松：我干。如果做了这么多还是输给既得利益，我也不会在乎，反正这是我原本的愿望。

假：有做之前就想到失败的傻瓜吗？

松：多多支持吧，如果您发声，数据科学界一定会有所行动，数据科学界一行动，经团联就会跟着动起来，经团联动起来了，国家也会被推着往前走。我会竭尽全力，决心已下！

假：（凝视一点）……只能说时机已成熟。

松：（拼命忍住笑）

培养能力没有捷径！

培养不拘泥于现有格局的人的力量！

目录

PART 3
数据科学改变商业方式

1

能这样下去吗？
商业数据科学

数据科学的
历史背景

最近常听到的"数据科学"一词始于大数据。
先回顾一下数据科学的历史。

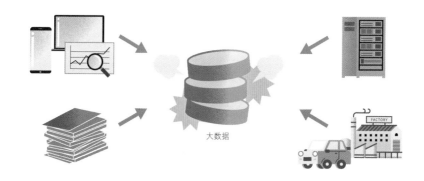

大数据

◆ 物品相连的互联网是什么?

　　Google 或 Amazon 等公布了很多通过采集大量数据提高企业服务功能的划时代案例，大数据也因此被众人所知。而对采集到的数据进行分析、使用的动向也被广泛认可，由于储存成本的递减和分散处理技术的发展，大数据在手机游戏、网络广告、网络购物、社交网络（SNS）等领域的效果令人期待。

　　但是，本来期待通过拥有大量数据来发挥优势，却变成以采集数据为目的，不去考虑数据的活用和分析，从而出现所谓"时髦术语"的一面。其结果就是仅限于建设了保管数据的基础设施，或者通过商业智能工具（参考 P88、P144）等将部分数据可视化。诸如与现有系统的协作、从运转中的数据库转出数据的难易度、以引进硬件为前提的思路等都引发了各种疑虑，在日本国内也备受关注。而在数据库方面，日本维持现状的保守特性也是障碍，特别是由于建设和维持所需技术人员的成本不断上涨，导致能够引进并活用大数据的企业非常有限。

◆ 数据科学家热

大数据之后，2013 年左右开始作为"21 世纪最性感职业"的数据科学家成为热门话题。与大数据热一样，数据科学波及日本比美国稍晚，但是拥有大量数据的企业已经开始号召"活用企业内部数据"，并高薪聘用擅长数据分析的人才、成立数据分析小组。

但是，没有设定明确目标、由于企业内部数据库不完善而导致新旧数据或不同数据形式混为一体等各种问题也浮出水面，最终企业只能停留在采集数据而无法达到充分利用的阶段。

数据科学家未必都拥有业务知识或商业灵感。[01] 为此，会出现脱离一线和经营管理层的情况，而在没有数据分析氛围的组织里，进行分析所必需的企业内部调整成本也很大，在重视先例主义和一线经验的环境中，数据分析这一文化难以扎根。

[01] **数据科学家进行分析……**

分析我们公司的大数据可能会有新发现！

请分析大数据

夏天冰糕会卖得很好！

由于没有业务知识等，只能有些一般性的发现

◆ 人工智能、深度学习热潮

2012 年左右开始了第三次人工智能热潮，人工智能、机器学习、深度学习等词汇得到普及。与以往不同，这次热潮的特点是被社会普遍认知。特别是围棋人工智能"阿尔法狗"战胜人类职业棋手成为热门话题，并被电视新闻大肆报道。

虽然盛传所有产品和服务都能"搭载人工智能"，但也仅限于工作的部分自动化以及与原有技术没有太大差别的功能。同时，也出现了大量以营销、宣传、投资者关系（IR: Investor Relations）为目的、生拉硬拽到人工智能上的"冒牌人工智能"。在系统集成商（SIer: System Integrator）（参考 P145）、工具供应商企业中，仅仅改变原产品名称就冠以人工智能的头衔、业绩诡异的"自称"人工智能创业企业仍在为所欲为。

在新闻稿或记者会见到发布的只是成功案例的部分，大部分都是失败而不见天日的项目。[02] 这与大数据和数据科学家热潮一样，都是由对 IT 不了解的经营管理层和用户企业撒手不管的特性所导致的。

还有的企业把外部订购开发的人工智能当成好像自主开发的一样对外宣扬，仅仅引进搭载人工智能的数据分析工具就被视为了成功案例。

需求激增带来数据科学使用成本的提高，并导致人才争夺战。人工智能

［02］部分成功被大肆宣扬，众多的失败案例却无人提起。

威胁论不断扩散，很多人为人类工作将被人工智能夺走而忧心忡忡。但事实上，这只是裁员的借口而已，因为现在人工智能还没有进化到可以夺走人类工作的地步。不过，只能从事可由人工智能取代的工作的人早晚会被裁员。

◆ 应用人工智能商业的热潮

即使到了 2018 年，人们对人工智能的理解仍然相对匮乏，但"无论如何都要引进人工智能""人工智能真不得了"的过剩期待感又走在了前头，其结果是，成本收益率低的投资案例以失败告终。因此，2019 年之后企业对引进人工智能就变得谨慎了。

现在，人工智能被视为产生商业利益的工具，出现了探讨利用人工智能并证明其实际成绩和成功案例的趋势。与此同时，由于人手不足日益严重，对致力于自动化和省力化发展的人工智能也起到了推动作用。

即便如此，人工智能的引进也仅仅局限于取代人类简单工作或技术上较易实现的领域，企业完全甩手交给外部 SIer 开发的倾向依旧没有改变。

即便模仿了其他企业的案例，由于数据和环境等有所不同，也不可能成为成功的依据。现在引进人工智能的门槛在降低，但也会有无法保证成本收益率优于人类操作时所需时间和成本的情况，因此可以认为人工智能的普及还为时尚早。[03]

[03] **人比人工智能更管用？**

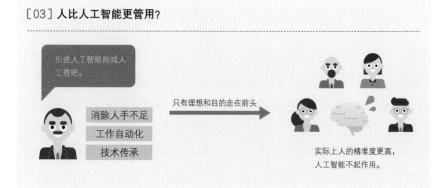

引进人工智能削减人工费吧。

消除人手不足
工作自动化
技术传承

只有理想和目的走在前头

实际上人的精准度更高，人工智能不起作用。

目前商业数据科学在发生什么？

人们期待人工智能将来的发展和成果，
与此同时商业数据科学正日益活跃，
那么现在正在发生什么呢？

人工作业输入　　　　　　　　　　工作自动化

◆ 从"无目的引进"到"以商业出成果的引进"

迄今为止，人工智能引进在设定目标和使用用途上不够明确，因此失败案例也较多，但是也在逐渐调整用途并在改善业务方面产生了积极效果。即便如此，也仅限于在特定工作中进行局部引进，而推动人工智能应用的企业与掉队企业之间的差距也在不断扩大。

例如，在"重厚长大"产业，工作系统过时，电话、传真或 Excel 相关业务较多，人工智能的使用很有限。也有不少业界由于企业传统对 IT 带来的效率化相对消极，无法形成分析数据的企业文化，进而导致人才不足。

基于上述情况，日本经团联（社团法人日本经济团体联合会）制定了包括从准备到实施各阶段在内的推动人工智能应用战略的框架文件《以人为本的人工智能社会发展纲要》（AI-Ready 社会），但是对深受"重厚长大"产业影响的这个团体的方针，我存有质疑。

◆"商业"数据科学在进步

与此同时，"商业"数据科学非常活跃，由于投资的流入等原因，企业的创业数也随之增长。不仅是开展新服务和应用技术的创业企业，人才培养或转职服务等人事方面的创业企业也不断涌入。

其原因在于，人才市场上数据科学家待遇高涨导致人才难求，或面向不打算录用转职者而由企业内部培养"人工智能人才"的企业内训开始受到关注。同时，从网上的辞职社交媒体中可以发现，日本大企业的优秀人才正在向 GAFA 等外资企业和创业企业转职。

应用人工智能开展咨询或承担委托开发的公司正在增加，现有的 SIer 也逐渐发展为兼顾工程师和实际业绩，但仍保留着传统系统效率服务（SES：System Efficiency Service）人才供给的一面。

以通用人工智能或量子计算机等未来人工智能技术为目标的创业企业和著名研究室出身研发人员的创业、大企业之间的分工协作或创建新事业等动向表明，"商业"数据科学日益活跃。［04］

[04] 有关人工智能的创业或建立新事业日益活跃

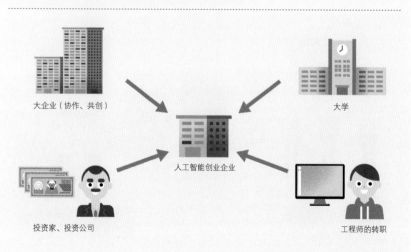

大企业（协作、共创）　　　大学

人工智能创业企业

投资家、投资公司　　　工程师的转职

◆ 尽管在商业上的使用不断发展……

推动人工智能用于商业的原因，在于快速的技术进步和引进成本的降低使原有业务引进人工智能成为可能。而且，由于在研发上落后于美国和中国，作为使用方的日本企业只能将人工智能在商业模式上进行"特化"。

目前，研究成果不断公布，新的功能以云服务的形式得到使用，最新人工智能的引进和应用门槛正在逐步降低。不可否认，日本的人工智能研究与各国相比趋于落后，基础研究和在产业界的应用方面能够期待的独角兽企业屈指可数。相对而言，转用美国开发并已公开的技术，引进在中国备受欢迎的商业模式，以此瞄准日本市场的商业也许能够成功。[05]

尽管在企业中"活用人工智能""数字化转型（DX: Digital transformation）"等呼声此起彼伏，但实际上推动商业的并不是人工智能和数据，而是企业的内部政治和事先沟通这一日本企业的行事传统。也许那些对引进人工智能呼声越高的企业，越是在使用电话和传真工作。

[05] **灵活应用其他国家的技术或商业模式**

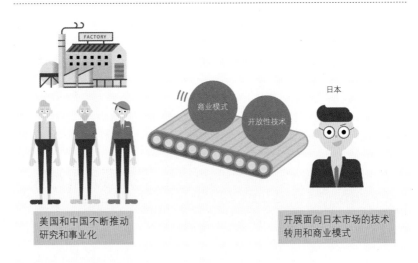

美国和中国不断推动
研究和事业化

开展面向日本市场的技术
转用和商业模式

◆ 加拉帕戈斯现象（Galapagosization）中能开出人工智能之花吗？

以电话、传真和现金为商业核心的加拉帕戈斯化日本能普及人工智能和数据科学吗？

IT文化在日本尚未扎根。在临时工使用智能手机拍摄各种不良视频的同时，历史传统悠久的电器厂商的高层却在说"IT这个陨石落了下来"，一副与己无关的姿态。

在现金信仰根深蒂固的日本，有着即便出现电子支付服务也不太使用的倾向。[06] 在社会生活中以IT文化起因的课题堆积如山，实现IT社会还任重道远。在循环群（loop）发言的中学生被警察叫去辅导遭到国外质疑；企业开始无现金结算没几天就发现被第三方非法使用的粗糙系统设计都是实情。与此同时，2019年3月的"数字手续法案"呈现了设立企业法人时废除出示印章证明手续的动向，但由于业界团体的反对最终也不了了之。

在如此反复迟缓的发展互动中，人工智能和数据科学的普及能得以推动吗？

[06] 各国无现金比率

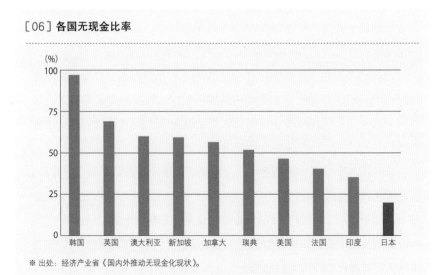

※ 出处：经济产业省《国内外推动无现金化现状》。

经营者的问题点

为了产生创新，经营者的更替、
自由度高的工作环境不可或缺。
来看看对经营者的批评都有哪些吧。

◆ 来自经团联办公室电脑的冲击

日立制作所的中西宏明就任经团联会长之际，第一次给会长办公室配备电脑成了新闻。这已是 2018 年 5 月的事情了，在此之前都是采用面对面交流或电话联系，或者由秘书发送电子邮件的方式。

之前的经团联会长到底对 IT 有多深的了解不得而知。经营者常抱怨"信息上不来"，但却有采集企业内外零散数据、按照参会人员数量打印报告的工夫。在无法掌握企业内部信息的情况下，究竟是如何进行决策的呢？

在经团联会长辈出的制造业，是不是想着谁动手做结果都是一样的，因此委托给转包或非正式员工就足够了呢？是不是将电脑操作交给下属或秘书，疏于对 IT 这一新产业的对策和信息采集，在未理解公司投资 IT 具体内容的情况下就只知道按印章呢？而满足这样的经团联制定的《以人为本的人工智能社会原则》的加盟企业又有几家呢？除了疑问，还是疑问。

◆ 物造与岛耕作的束缚

根据东京商工《2018 年全国社长年龄调查》的统计，社长年龄分布中，60 岁至 70 岁的占 30.35%，比例最高；70 岁以上的占 28.13%；而 30 岁以下的则只占 2.99%。也就是说，大部分社长通过制造业实现了战后复兴，经历了经济高速发展时期直到泡沫经济时代，是充分理解以往的商业潮流的一代。

但是，如果只专注企业内政治和客户之间的关系，只看到自己周边的事物，那么将无法觉察经济动向和最新商业潮流，也只能带着陈腐的观念去看待 IT 革命和中国经济的飞速发展。

由于受到对 IT 和互联网大发展进行错误判断的影响，大型电器企业即使进行裁员和卖掉部分业务，也未能从业绩低迷中走出，最终也没能看透从物造到 IT 的转型过程。

描写日本公司员工出人头地过程的代表作《岛耕作系列》只不过是虚构，如果不具备作品中描写的经营者能力、而只是专注派系斗争或企业内部政治的人没有走上领导层，就不会有如此难看的局面，难道这一面也是物造文化的陋习吗？［07］

［07］如果看不到周围环境的变化……

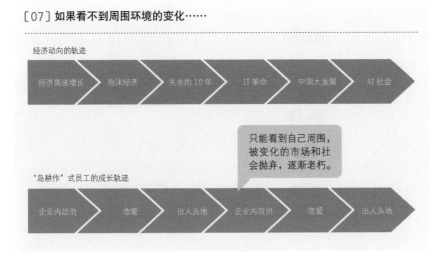

经济动向的轨迹

经济高速增长　泡沫经济　失去的 10 年　IT 革命　中国大发展　AI 社会

只能看到自己周围，被变化的市场和社会抛弃，逐渐老朽。

"岛耕作"式员工的成长轨迹

企业内政治　恋爱　出人头地　企业内政治　恋爱　出人头地

◆ 能改变企业的是企业高层

　　只有企业高层才能改变拥有历史和传统的大企业，如果改变不了就只有换人。鉴于为业绩不良苦恼的大企业，即便更换高层业绩也不能恢复，只能认为靠企业内政治出人头地的人是无法胜任经营者的吧。如果是这样，与其按照年功序列的升迁模式更换高层，<u>不如就从外部引进人才</u>。[08]

　　按照升迁图上来的社长，很难做到由少数改革者迅速决策、不受阻挠或既得权益、侵蚀效应（cannibalization）所限制的经营吧。而如果做不到这些，无论怎么裁员业绩都无法恢复。

　　在历史悠久的老企业中，IBM 的郭士纳（Louis V. Gerstner, Jr.）和诺基亚的里斯托（Risto Siilasmaa）可谓高层领导推动改革的代表。随着智能手机的出现，曾被称为"北欧巨人"的手机生产大型企业诺基亚业绩开始恶化，之后通过出售手机业务和收购通信机器厂商，将商业模式转型到通信基础设施和专利上，使企业得以复兴。

［08］通过年功序列更换社长将不会带来变化

会长

社长

副社长

年功序列升迁模式的步步高升不会给企业带来变化

需要不受现有障碍束缚的高层领导人进行大改革

◆ 重用特殊才能者和变革者

经营者想改变企业，必须先改变对成为新产业萌芽的创新和技术革新不重视的态度，这一点从技术人员不算高的地位和薪酬上就能一目了然。曾经的物造企业的创始人，本田汽车的本田宗一郎和索尼的井深大都是破天荒的变革者。但是随着企业不断做大，就会变成岛耕作式的社长维持现状并转入防守状态。

传统的组织形式在研究开发方面无法产生创新。为了产生创新，只有将预算和组织完全分开，投入预算并不追求细则和亮丽的成果，像出岛*那样由外部组织自由管理企业组织有一定局限性，因此有必要确保高薪酬和容忍失败的胸襟。

如果被重视短期研发成果、承袭主义或直线领导式组织的企业治理所束缚，企业将一事无成。让员工穿着作业服，配发低性能电脑，将安全规则当成紧箍咒，工作使用廉价桌椅的企业将永远不会诞生乔布斯。[09]

[09] 在被监视和管理的工作环境中什么都不会诞生

安全第一

服从与遵守

创新？？

必须遵守企业内部规则实现创新

---

*　出岛是江户幕府时期锁国政策时专门为日本与海外行商建造的人工岛，荷兰在此设立贸易站。——译者注

中间管理层的
问题点

在人手不足日益严重的现代社会，

人们自然期待人少成果多。

那么，支撑数据科学的中间管理层的作用又是什么呢？

加班到很晚，受到上司器重，获得好评

即使实现了工作自动化，如果因此早下班反而会得到差评

◆ 轻松没有错

　　如果只是监督下属是否按照形式工作，那么人工智能就可以替代。不只看表面的努力，还要寻找承袭主义导致的停滞不前的解决方案。管理层不能成为顽固坚持传统工作方式、抵抗新事物的群体，如果这样，企业的生产率和利益将无法提高。

　　为了改变那些效率低的工作，首先有必要由高层大力宣传推动改革，在此基础之上再对工作效率化以及个人技能对业绩的贡献度进行评估。但现实中，往往是墨守成规，表面做出努力姿态，给上司留下好印象的员工会获得好评。

◆ 工作是传统艺能吗？

反复做同样的事情以维持现状，却也会导致无法提高生产率和附加价值。工作和传统工艺一样，如果什么时候都一成不变持续同样的事情，总有一天会因厌烦而被抛弃。

在传统的艺能世界里，往往一边传承历史，一边汲取新题材使演出有所变化。企业组织也必须察觉并了解外部的变化，尝试使用新人的创意以顺应变化。

使用算盘和计算器的工作方式将持续到什么时候呢？在需要竞争的经济活动中，如果只注重维持现状只会提前倒闭。不仅要讲授方法使之传承，更应该像传统艺能那样"守住、打破、脱离"，有必要学习基础知识，摸索新方法，从原有概念中脱离，使传统与革新融合。[10]

出成果最简便的方法就是增加劳动力，但是现在人手不足，劳动密集型商业是行不通的。而在追求更少的人出更大成果的今天，为此进行结构设计、推动工作改革就是中间管理层的任务。同时，安抚因面对这些变化而出现的反对势力也是他们的任务。

总之，人们需要的中间管理层就是要有利用数据科学、"不择手段"地经常改变工作的态度。

[10] 被不断要求变化的组织

传统方式　　　现在应采取的方式

◆ 从KKD（直觉、经验、胆量）到DNA（数据、数字、人工智能）

中间管理层为了取得成果提高生产率，必须营造下属可以发挥更大能力的环境。这里不仅指工作环境，还包括工作方式和规则等多个方面。

传统工作的属人化导致人才培养很花时间，即便出了问题也只有负责人知道原因，因此这些非效率的工作方式需要改变。排除那些无用的工作程序，电话、纸质文件和印章等烦琐的事务性工作就取消吧。而中间管理层应该为实现这些改革向企业内部系统提出建议。

如果继续基于直觉、经验和胆量的属人化，在人手不足的状况下，长期培养人才以及需要反复试验的传统做法将无法持续下去。因此有必要采集和分析数据，通过活用数据科学实现工作的效率化。[11]

由于需要小组全员提高数据科学、数字和人工智能方面的能力，首先自己必须开始学习。而向企业高层提供应用人工智能的建议并确保预算也是中间管理层的工作。

［11］排除传统方法实现效率化

压力带动管理　　　　过度重视职人气质　　　　靠跑腿赚钱

数据的可视化　　　　通过机器再现　　　　通过人工智能实现效率化

◆ DNA（数据、数字、人工智能）需要的是无名英雄

　　熟悉一线工作、在企业内部有一定影响力的中间管理层应成为推动数据科学的旗手。他们原本该发挥的作用不是利用管理层的地位干预一线工作或听取一线汇报，而是推动提高生产率和实现工作的效率化。管理者自身成为改革者来促进一线员工和组织成员的意识改革。为此，思考为了引导成员发挥其价值自己该做些什么，对上层管理部施加影响来为成员创造环境才是管理者的工作。[12]

　　引进人工智能和数据分析时的失败，常常发生在没有明确规则的工作上。仅依靠"一线做法"这种暧昧的口授方式是无法实现工作流通量的最佳化和高效使用数据的。结果，数据科学、数字和人工智能无法扎根，工作效率化也得不到推动。

　　维护现有做法的同时，率先推动业务改革，就需要提高中间管理层对 IT 部门和上层领导部门的影响力。不要再把 IT 部门视为累赘和成本中心。由于中间管理层是支持数据科学的，因此，首先需要理解、协助和感谢企业内部系统。其次必须认识这一职位是无名英雄般的存在，并且理解 IT 工程师的工作和技术。

[12] 向创造舒适工作环境的商业活动转型

干预、仅让部下做汇报

系统集成商（System Integrator）的问题点

IT 行业的构造是以大型系统集成商为顶点的金字塔型多重外包构造。

在企业内部依然存在完全交由系统集成商负责之做法的今天，

应重新审视系统集成商的作用。

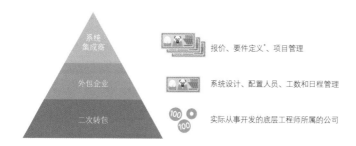

系统集成商　报价、要件定义*、项目管理

外包企业　系统设计、配置人员、工数和日程管理

二次转包　实际从事开发的底层工程师所属的公司

◆ 重新审视系统集成商的作用

在日本 IT 行业的结构中，系统集成商承包了客户企业内部系统从设计开发到运行维护的所有程序。这种情况有时会被奚落为"大甩手"和"跑腿的"。而系统集成商则利用其作为与顾客联络渠道的地位，以"项目管理"的名义将开发业务委托给外部，从而构筑了金字塔型多重外包的结构。

这种多重外包结构导致了企业内部系统的复杂化和肥大化，很难掌握系统的整体情况。那么，系统集成商与顾客的关系将会维持到何时，又会有何种价值呢？在系统集成商强项的大项目中，被讽刺为圣家族大教堂的城市银行基础建设一体化项目大体完成，但反复进行修改和大规模化的系统将不可避免地产生庞大的维持管理成本。

---

* 　要件定义，日本软件项目阶段之一。——译者注

其结果就是，无法进行创造新商业的手段——IT投资，无法体现出原本通过IT提高工作效率的本质。这种外包结构和修修补补的系统改修就像刚挖开就又填上的道路基建工程一样。

有人担忧，这种一直拖延问题的状态将会产生所谓"2025年断崖"问题，即由于新旧系统同时存在，导致黑箱化，从而带来重大经济损失。这种情况持续下去，可能会出现谁都无法管理企业内部IT系统的状态。

◆ 说不清的业务知识

在这种情况下，系统集成商所重视的"业务知识"也在不断黑箱化。基于多年一线规则的本企业内部基础系统等已经成为负责者头脑中的"标准"和"独家秘籍"。

通过应用来掩盖暧昧、带着"本公司特有"的思想而过于强调企业独特性的系统，都无法活用数据科学和人工智能。重新设计基础系统并不现实，那么就必须改变使用系统的人。如果不对"业务知识"进行明文化，不要说人工智能，甚至业务系统都不会再发挥作用。[13]

[13] 多重外包构造的弊病

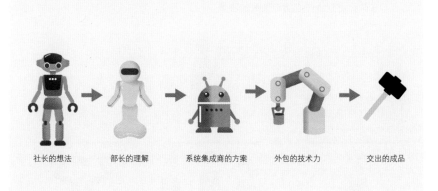

社长的想法　　部长的理解　　系统集成商的方案　　外包的技术力　　交出的成品

◆ 为开发新业务带领大队人马视察与时代不符

　　假定无法在继续原有商业活动的系统集成商打算建立新业务，这被称为"开放式创新"或"共创"。关注这一领域的是协作对象的国内外创业企业，他们会主动提出将人工智能、物联网和数据科学等领域的合作作为新的业务。但是，企业由于无法判明与自身业务能够产生相乘效果而导致多花经费却以失败告终的案例也不在少数。

　　再加上大企业病中常见的合议制度，不断讨论导致决策延迟 [14]，或者由于大企业的傲气仅仅把创业企业视为外包对象而轻视对方，甚至只是把对方企业叫到自家公司进行说明以取代企业内部的学习会等现象也时有发生。

　　而创业企业在时间和资源上都很有限，没有足够的精力为只说却不出资金的大企业做义工。日本大企业永远都是回答"正在讨论"而决策毫无进展，不知是否真的有和创业企业合作的打算。

　　这一问题在硅谷、深圳和爱沙尼亚等海外考察时都出现过，这也是日本大企业不被世界创业企业青睐的原因所在。

[14] **与创业企业协作成功与失败的决策**

社长的个人意见先行，优先签约，获得大成功

进行讨论却无法决断，结果错过时机

拿不出新措施，无法摆脱业绩差的境地

A公司　　B公司　　C公司

◆ 摆脱传统商业模式的最后机会

作为前提，在人工智能或数据科学的世界里，传统业务系统开发中的常识是行不通的。忽视技术能力，仅仅凑齐技术人员数量，用管理来弥补的方式，无论到什么时候都无法实现人工智能。

必须摆脱传统商业模式中为顾客提供推销员般的服务和项目管理方式，因为靠人数打造的多重外包结构在人手不足的今天也很难维持下去。

同时，在人工智能、数据分析的开发中，用户企业的开发内化、动员少数人短时期内反复开发和发布的"敏捷软件开发"（agile software development）也在增加，并成为在人工智能和数据科学领域中拥有优势的选择。而大规模业务系统等传统的开发方法按照要件定义、设计和实际安装顺序实施的"瀑布模型"（Waterfall Model）则呈现出缩小趋势。[15]

今后，如果提供人工智能和数据科学型的服务，以制造业为模式的传统型组织、开发、人才和商业模式必须进行重大转型。今后，由于向内化、云化和软件即服务（SaaS：Software-as-a-Service）转型不断进展，向外部订货、多重外包和劳动密集型的传统系统开发商业模式将无法持续。

[15] 瀑布式开发与敏捷软件开发

瀑布式开发　　　　　　　　　　　敏捷软件开发

要件定义 → 基本设计 → 详细设计 → 实际安装 → 测试

设计 → 计划　设计 → 计划
测试 ← 实际安装　测试 ← 实际安装
发布　　发布

非数据科学家的问题点

商业工作中经常使用 Excel，但随着数据量的增加，

Excel 迟早会达到极限。

为了提高工作效率和生产率，必须磨练 IT 能力。

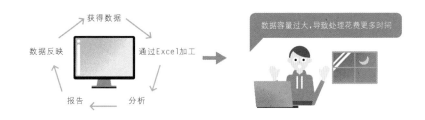

◆ 还在 Excel 上浪费时间？

众所周知，商业人士在工作中经常会使用 Excel，但是在日本，乱象丛生的 Excel 业务很多都是低效的，并成为降低生产率的原因。由于谁都可以使用，导致了无论什么工作都用 Excel，其结果是，数据不断增加和日益复杂化，版本和格式无法统一，成了"神 Excel"* 和"方格 Excel"。

在数据分析上，Excel 也存在局限性，仅限于个人或少数人使用。虽然经过功能强化也可以应对多种分析模型和大容量数据，但是随着数据量增加和分析方法的复杂化，迟早会达到极限，并且还存在着版本升级带来的兼容问题。

使用 Excel 的工作，不仅可能因手工作业和疏于确认等引起人为失误，还孕育着版本管理的不完善和开发者离职带来黑箱化等风险。

进而言之，不仅企业整体的工作系统，个人层面的工作也在"一如既往的做法"上止步不前。

---

* "神 Excel"，在日本是指不考虑数据的再利用，而是为了好看，通过 Excel 的表格计算功能将数据全部变成纸质表格文件，由于日文中"纸（kami）"的发音和神的发音一样，故出于讽刺目的称之为"神 Excel"。——译者注

◆ 将自己的工作人工智能化

最了解自己工作的是自己。人工智能是为了提高生产率、使人取得更好工作结果的工具，已被定型的工作就应该自动化。人工智能不是夺走工作，而是提高工作价值的工具，在短时间内充分发挥并取得理想成果，难道"工作"不该这样吗？

首先，我们需要磨练如何思考用人工智能代替工作的素养，然后提出明确的根据，并将想法传递给上司、信息系统部门和系统集成商。[16]这也是摆脱努力加忍耐这种洗脑教育的方法。

工作能由人工智能代替吗？工作是否能被人工智能和他人完成？我们需要养成这样的思维习惯，即不让自己的工作成为"暗默知识""秘方""属人化""能够自动化的工作交给高成本人才来做是效率低的表现"等。随着人工智能的普及，只能从事被自动化的工作、却不能产生附加价值的员工自然就会成为裁员的候补。为此我们需要成为熟练掌握人工智能的一方，提升自己的价值。

[16] 磨练思考人工智能代替工作的素养

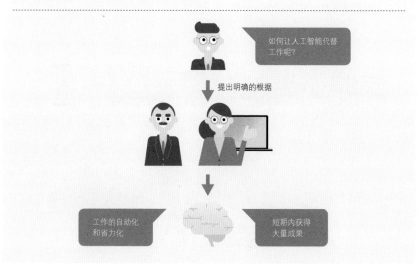

◆ 比加拉帕戈斯化手机更重要的 IT 素养

为了使现在的工作实现人工智能化，必须记住新的 IT 工具，如果无法熟练掌握将会面临被裁员的危险，而针对本公司定制并已经熟练操作的业务系统也不可能保证今后仍会继续使用。

出于确保成本和人员等原因，原有系统的改造和维护恐怕连维持和管理都会变得困难。因为原有系统都有向非定制的通用版本产品转型的可能性，所以有必要熟练掌握相应的 IT 技能。应该说，不能完全交给供应商和信息系统部门，有必要掌握可以交换意见的知识。

只会使用加拉帕戈斯化手机的 IT 能力将会丢掉工作。IT 总是在不断进化，办公环境也需要与时俱进。[17] 办公室需要引进新的 IT 工具，比如，最近利用 Slack 等社交工具进行交流。为了应对这些变化，我们需要一边了解新工具和新动向，一边磨练比加拉帕戈斯化手机更高水平的 IT 素养。只会打电话工作的人必将会被时代抛弃。

[17] 需要顺应办公室变化的 IT 素养

随着时代而变化的办公环境

不断需要新的 IT 素养

◆ 只有自己能做的工作才是生存之道

如上所述，现在需要的是思考如何具备在工作中减少徒劳的手工操作和属人化现象、将自动化和省力化付诸行动的 IT 素养。用固定方法处理固定业务的工作方式随着人工智能的进化将会首当其冲受到冲击。现在无法简单转换成人工智能的工作还有许多，但不保证几年后会如何变化。由于只要花时间和精力谁都可以胜任的工作的价值急速下降，因此我们首先必须改变自己。

其次，有必要考虑换工作，跳槽到操纵 IT 和数据科学的企业，从人工智能的使用者转变为提供者。必须将无用之功进行自动化和省力化，自己能发现可创造价值的工作（附加价值），因此也需要提高 DNA（数据、数字、人工智能）的素养。

通过实现工作的自动化和省力化，员工可以在决策和创造（想法）等新业务方面投入更多的精力。[18]

[18] **将完善的信息运用于新构思**

仅整理数据做成报告　　　　　　　将完善的信息运用于新构思

我们应具备什么样的技能？

在商业数据科学活跃的今天，

需要我们具备哪些技能呢？

◆ 程序技能是必需的吗？

　　商业杂志等的特刊中会强调，在人工智能和数据科学时代程序技能是很重要的。但是，程序技能是一个有人能适应、有人无法适应的非常因人而异的领域。

　　即便这样，仅仅会写简单的脚本和宏指令也会大不一样。轻松且高效的自动化需要培养编程员式的思维，第一步我们就从消除对编程的过敏和偏见开始吧。

　　尽管不需要从基础理论开始学起、从头进行开发的技能，但达到理解人工智能操作结构程度的技能还是需要的。

◆ 向工程师进行说明的能力

学习了程序技能，就会加深对目前完全外包的系统开发的理解（尽管由于相关技术涉及多方面知识，完全理解相当困难）。以往，技术人员与非技术人员之间的前提知识的差距过大，导致在双方矛盾没有解决时系统就投入了量产。

为了避免这一问题，今后也会要求非工程师的员工提高 IT 素养。以往"我们已经付了款"和"客户就是上帝"的思路将行不通。因为如果进入了技术人员不足而可以选择工作的时代，可能主（用户）客（工程师）的地位会出现反转。如果懂得程序技术，在系统开发时就不会要求"做成这种感觉"，而是能够提出明确的指示。

在系统开发中将所必需的工作与过程按顺序排列，通过逻辑思维思考如何避免遗漏和重复就可以排除浪费和非合理要素，成为公布更加理想的系统的方向标。[19]不要忘记，IT 在能力方面对使用者也提出了要求。如果不能胜任，代替你的将是人工智能。

[19] 开发需要逻辑思维

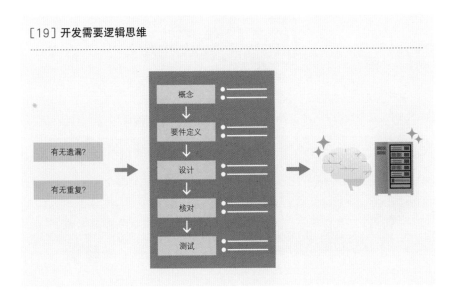

◆ 需要"输入"与"升级"

今后，持续提高数据科学、数字和人工智能（DNA）（参考 P16）的素养，需要不间断的学习和采集信息，做好"输入"。不能局限于年长者常有的"过去就这样"的陈旧思维和缺乏根据的自我经验论。

近几年，个人的能力和技能将不再是通过以往人生中培养的知识和经验所积累起来的特殊之物，随着包括人工智能在内的 IT 技术的急速发展，以往有价值的技术和信息终将陈旧。为了保持个人价值，只能通过各种形式进行自我升级。[20]

作为商业人士总是被要求不断提高自己的市场价值。学习也不是从学校毕业就算结束。即便已经三四十岁，如果忽视输入和升级，终究也会沦落为无法与时俱进的人而被社会淘汰。

[20] 各种形式的提高能力

◆ "迎来大结局的海螺小姐"

时光停留只存在于虚拟世界，比如，即便换季，剧情中的人物却从不会变老的长篇动漫"海螺小姐"。这一现象被称为"海螺小姐时空"。

在现实世界，电视由显像管变成液晶，韩国和中国的厂家飞跃发展。曾经驰名日本的液晶企业被中国台湾企业收购，综合电器厂家也卖掉储存器部门以避免倒闭，并不再成为"海螺小姐"的广告赞助商。现在的赞助商变成了亚马逊日本。就连曾经成为不变的代名词"海螺小姐"的外部环境也在发生着变化。[21]

昨天、今天和明天都可以保证同样生活的时代早已一去不复返。现实世界中也不可能过着像"海螺小姐"一家那样与 IT 无缘的生活。如果即便如此也要考虑 IT 素养较差者的话，那就需要人力资源，但今天的日本却是人才不足，因此才有必要推动包括数据科学和人工智能在内的 IT 化。

被时代变迁所淘汰，也不会得到帮助，因为现实社会不是"海螺小姐"中的温柔世界。

[21]"海螺小姐时空"——即便世道变了，"海螺小姐"也不会变。

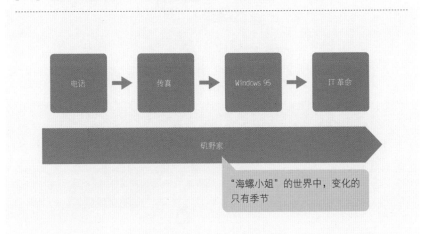

电话　→　传真　→　Windows 95　→　IT 革命

矶野家

"海螺小姐"的世界中，变化的只有季节

商业数据科学应如何发展？

1

在只有日本才能获胜的领域一决高低

为了使人工智能在社会上普及并为提高生产率作出贡献，日本有必要在拥有优势的领域活用人工智能，完善法律和社会制度，推动并活用被视为整体社会生活数据的"真实数据"的规格化和共享化，以及在考虑到私生活和便利性的同时创造能够妥善使用数据的环境。

在人工智能的基础研究方面，日本很难战胜其他国家。为此，只能在产业应用方面以及特化指定领域等在日本有优势的领域，活用人工智能一决胜负。

依赖制造业以及少子老龄化不断加剧的日本社会环境存在着局限性。人工智能和数据科学等 IT 领域的发展趋势已经决定了日本只能边打边撤，因此必须打好手中仅有的牌。

第一部分介绍了数据科学的历史和现实问题以及经营者、中间管理层和非数据科学家的问题点。其主要内容概括如下。

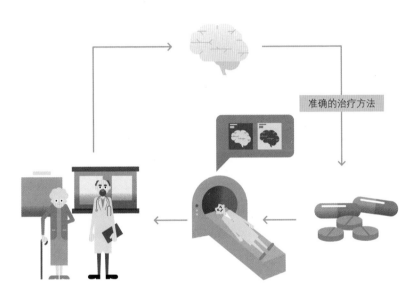

准确的治疗方法

2 物造（制造业）与昭和时期传统的束缚

基于往昔成功经验、被称为"物造"的昭和时代神话渗透在从企业治理到工作方式等方方面面之中。因此，企业必须从以往的固定观念中摆脱出来，利用企业内部传统保持同步，调节心理压力，步伐一致地适应人工智能社会。

不仅仅物造，盲目尊崇精神性因素或者职人气质等模糊概念，以及沉迷于往昔荣光的做法都在缓慢地走向死亡，没有必要依赖过去的经验和常年工作中积累的直觉等这些无根据的方法论，而应该拥有基于数字和数据等客观信息的思维方式。必须从连绵不断继承下来的物造和昭和时代的思维方式等束缚中摆脱出来。

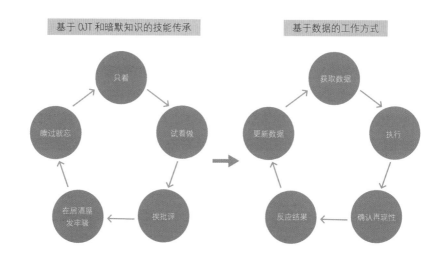

基于 OJT 和暗默知识的技能传承　　　　　基于数据的工作方式

只看　试着做　睡过就忘　在居酒屋发牢骚　挨批评

获取数据　执行　更新数据　确认再现性　反应结果

3　以三 H（平均、变态和构思）一决胜负

即便从物造和昭和时代的束缚中摆脱出来，日本在人口和经济能力上也无法战胜美国和中国。所以不能正面强攻，只能通过不同角度出奇制胜。

日本在世界上属于平均教育水准高的国家，日本人甚至因以相当高的注意力专注一件事情而被称为变态（HENTAI），因此，日本应进行大胆构思，用之于次文化和创造力并以此参与世界的竞争。

不必构筑产生一个乔布斯式创新者的社会，而是去构筑诞生100 个驰名世界的 HENTAI，由平均教育水准高的国民支撑整体社会的结构。在创造力领域，已经有日本人在世界取得了非凡成就。如果日本对新颖的构思和新技术运用自如，并通过将其运用于商业活动进而在社会普及，每一位国民发挥最大限度的能力，那么未来就会改变。

美国

日本

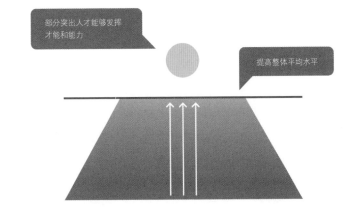

（专栏） | 数据科学小语

让昭和时代旧思维的人退出历史舞台

在技术进步的同时，昭和时代的价值观也日渐崩溃。仅守护现有之物终将被国际社会孤立并加拉帕戈斯化。对年功序列的盲目信仰、由年长者的经验和直觉做决策、否定新技术和变化、对技术人员的冷遇等昭和时代的陋习必须清除。

比如，在无人化收银台和推动自动驾驶方面，只会进行"感觉不到人的温暖""老年人无法使用"的反驳解决不了任何问题。即便想帮助存在这些问题的地区和老年人，在人口减少的日本社会，通过人来解决还是有局限性的。不仅是没有工作、没有便利店和年轻人不断离开的农村，即使城市也不可能期待外国移民。如果是这样，解决老龄化带来的诸多问题难道不应该积极使用包括人工智能在内的技术吗？

原本应是日本率先努力的领域，但新技术却始终无法普及，狼狈地落在了各国的后面。我们生存的世界已不再是泡沫经济时代，也不是岛耕作的世界，更不是"海螺小姐"的时空。因此，必须安装上迎接人工智能和数据科学时代的头脑，不断升级，而让思维还停留在泡沫经济时代的人退出历史舞台、更新换代则是当务之急。

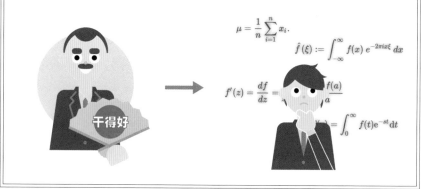

PART

2

如何掌握牵引商业数据科学发展的力量

三种力量——科学、工程、商业

"数据科学"不是特殊能力。

归根结底一个人无法全部承担，分担任务不可或缺。

全部一个人处理　　　　　　　　　　　　有困难

◆ 数据科学家 1.0 是"魔法师"

约从 2012 年起，从事数据科学工作的"数据科学家"这一职业开始在日本受到关注。当时，他们被吹捧为"21 世纪最性感职业""跳入数据之海寻宝的魔法师"，并多次在各商业报刊上被以特刊的形式进行宣传。

7 年多过去了，招聘了数据科学家的企业积累了基层经验，"魔法师并非万能"已成共识。这是因为"为什么要进行分析?""哪里有数据?"等这些问题的设定和数据采集并非数据科学家一个人就能完成的任务。还有诸如"雨天销售额会下降"等路人皆知的结论，"一线的事情什么都不知道啊"等令人哑然失笑的案例。

◆ 数据科学家 2.0 就是"各种能力者团队"

现在，不再将数据科学家视为什么都能胜任的"魔法师"，而是更多的以多人组队的工作形式进行。具体而言，除了了解统计的成员之外，来自公司各部门的负责营销、市场的员工以及工程师等都参与进来，团队出成果成为数据科学家的新形式。

一般社团法人数据科学家协会将数据科学家所需的技术组合拆分为"商业""数据工程""数据科学"等不同的能力。[01] 换言之，这些技术完全交由一人的模式是有很大局限性的。

[01] 技术组合

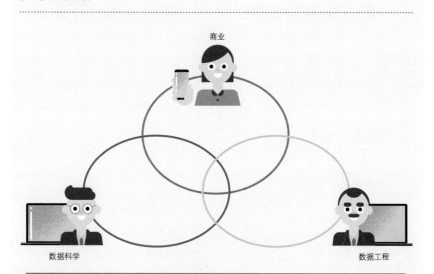

商业

数据科学　　　　　　　　　　　　　　　　　　　　　　　数据工程

> **商业力：**
> 在理解议题背景基础之上整理并解决商业议题的能力。
>
> **数据科学力：**
> 了解和使用信息处理、人工智能、统计学等信息科学系列知识的能力。
>
> **数据工程力：**
> 将数据科学转化为具有实际意义并可以使用的形式，并可安装和应用的能力。

数据分析、2个"型"

如同柔道和剑道一样，数据分析也有某种程度的固定模式。

也就是说有适合者，也有不适合者。

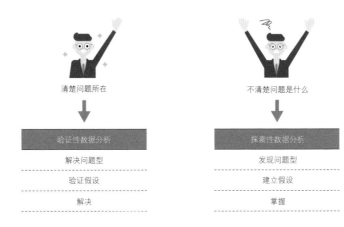

清楚问题所在　　　　　　　　不清楚问题是什么

验证性数据分析	探索性数据分析
解决问题型	发现问题型
验证假设	建立假设
解决	掌握

◆ 数据分析也有方法

数据分析有两种方法。

明白什么是问题，并为了解决问题建立假设可被称为"验证性数据分析"方法。比如，建立"为提高营业额，炸鸡便当和罐装咖啡套餐是否比其他套餐销售更好"的假设，并对此假设的正确性进行验证。

但是也有根本不明白问题是什么，连假设也无法建立的情况。这种时候可以采用"探索性数据分析"的方法。比如，将庞大的数据整理并做成图表，就会发现或注意到"为什么销售额偏向特定人群""为什么第三个周三的销售额偏低"等问题。

两种方法没有优劣之分，数据科学家会在轮流使用两种方法的同时进行分析。

◆ 从探索性分析开始，反复进行确证性和探索性分析

众多数据科学家首先从探索性数据分析开始寻找假设。因为，比起对错误的疑问给出正确答案，对正确的疑问给出错误答案更好一些。

比如，东京人"想吃北海道螃蟹"时，是乘飞机飞往冲绳，还是步行前往北海道更好些呢？显然，就算想尽可能快地到达目的地，但如果去往终点的路线和方向都错了，北海道也是永远到不了的。[02]

先通过探索性数据分析找到假设，下一步使用验证性数据分析验证假设的正确性，如果发现有误就可以再次通过探索性数据分析寻找假设。即便假设成立，为了增强假设的准确性，再次进行探索性数据分析的情况也很常见。

[02] 哪种方法能更早到达目的地呢？

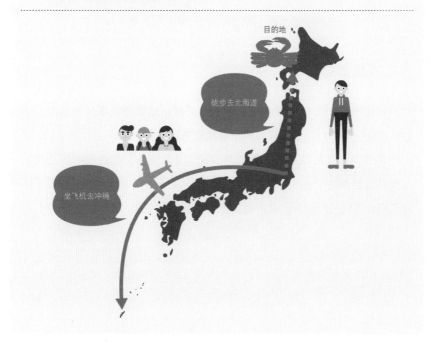

商业数据科学
的过程

商业数据科学是如何开始，
又是如何结束的呢？
我们整理一下其过程。

◆ 1. 定义目标

首先，决定"想通过数据分析了解什么？"的问题，包括从"为什么销售额会下降？"等单刀直入的内容，到"将某某乳业的牛奶作为下周促销商品是否合适？"等明确的内容，目标可谓多种多样。

而接受委托的行业如果不清楚目标，则必须首先从理解用语和数据的意思开始。否则即使看明白数据，也完全不明其意。[03]

◆ 2. 采集数据

如果明白了需要了解什么，那么为了证明就需要采集所需数据。探索性数据分析可以从采集现有的全部数据开始。

常常会有手头没有所需数据的情况，此时就需要在进行分析之前先从测量数据开始。有时也存在有数据，但却处于纸质保存的状况。因为需要利用计算机进行分析，此时就需将所有数据数字化。[04]

[03] 商业过程

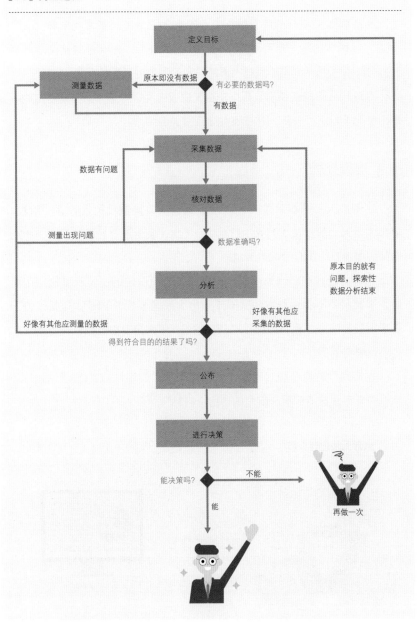

定义目标

测量数据　　原本即没有数据　　有必要的数据吗？

有数据

采集数据

数据有问题

核对数据

测量出现问题　　数据准确吗？

分析

原本目的就有
问题，探索性
数据分析结束

好像有其他应测量的数据　　好像有其他应采集的数据

得到符合目的的结果了吗？

公布

进行决策

能决策吗？　　不能

再做一次

能

◆ 3. 核对数据

无法保证采集到的所有数据都无遗漏、无偏差、正常和准确。现实中就有过顾客比前一个月增加了约 200 倍的分析，还有过对使用总产生 10g～20g 误差的 IoT 机器测量出来的异常检测数据进行的分析。[05]

在进行分析前必须确认数据是否欠缺或有无误差等。在不知道这些问题的情况下就进行分析，有可能会导致错误的结论。

◆ 4. 进行分析

终于进入了分析阶段。也许很多人会认为很快就能进入这一阶段，但作为个人经验，从 1 到 6 的过程中，1 到 3 最为重要且耗时耗力，所花费的时间占整个项目时间的 80%。

在分析过程中，因为存在为推导出答案而设定的一定程度的固定模式，因此只要不尝试新方法就不至于出大问题（参考 P46）。但是，由于每个项目都形态各异，"数据只够用半年""不知道哪里有数据"等麻烦都是不可避免的。

在探索性数据分析过程中，如果发现了"或许是○○吧？"的假设，就有必要再次追溯到第一阶段的"定义目标"。

[04] **纸质无法进行分析**

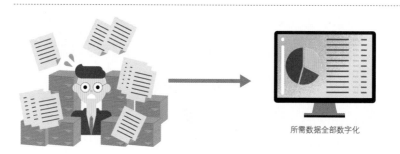

所需数据全部数字化

◆ 5. 公布

由于很多情况下是向不懂数据科学的人公布数据科学的结果，因此也最考验逻辑思维。常常会出现听众想知道答案，公布方却没完没了地说明解答方法的公布会。

另外，也要留意不要被追问"So what?"（所以怎样？）。因此，公布的资料最好做成"结论"→"应采取的行动"这种能够立即明确答案的形式。

◆ 6. 决策

就像春游时，直到回到家之前都算春游一样，商业数据分析在接收到分析结果并推导出某种结论之前都算是商业科学，并不是完成分析、公布结束就算完成了。

"最终什么结果是上级的工作，与我无关"，这种态度还是回避一下为好。直到协助上级做出正确判断为止，都是商业数据分析的工作。

接下来将详细分析每个过程并说明如何推动商业活动。在各小节的开始会列出每个阶段所需要的技术。

[05] 实际观察数据会发现异常值

年月	顾客数量	总销售额
2018/07	2,167	9,752,891
2018/08	2,267,000	10,748,100
2018/09	2,156	9,672,009

输入数据时多输入了3个"0"

决定"想要做的事情"

商业数据科学首先需要定义想知道什么。

由于一线员工掌握着分析所需数据，

因此一线的合作不可或缺。

		如果分析了就会……	
		明白	不明白
委托方	知道	这部分较多	没有体现在数据上的暗默知识
	不知道	原来备受期待	

◆ 最先定义想知道什么

在数据分析工作中常有的情况是，委托方企业只交付数据，并询问"从这些数据中能知道什么吗？"但实际上分析结果出来后却发现"这些早就知道了"，在叹息中结束了项目。

为了避免这种尴尬，首先需要定义从数据中想知道什么。具体而言，是想知道发现问题的启示还是想发现解决问题的方法。

商业数据分析不仅需要详细了解数据分析，更需要能够说清楚对商业会产生什么好的影响，或具体到商品 A 销售下降的理由等，"我明白到了这种程度，之后的部分要是能知道就太好了"，即从定义想知道的答案开始商业数据科学。

仅一次分析就能马上找到答案的可能性非常低。或许要多次回到"想知道什么呢？"的起点。这和不决定目的地的登山到什么时候都无法抵达终点一样，都是在浪费时间。

◆ 团队讨论"需要什么数据"

比起数据科学家，一线员工对分析需要什么数据了解得更详细。因此，对于推动商业数据科学而言，重要的是"<u>一线员工的理解与合作</u>"。

为了寻找答案，可以带来启发的数据越多越好。但是，如果没有一线的合作，"那个数据也许有用，但和我没关系，还是算了吧"的想法可能使重要数据被遗漏，从而失去宝贵的机会。[06]

小组先聚集在一起讨论"想让数据科学家调查清楚 ×××的理由，与此相关的数据大概是什么？"的问题会更好，也就是让大家感觉像自己的事情一样。

因为数据科学家即便发现了解决问题的方法，但实际解决问题的还是一线员工。在一线员工什么都不明白的状态下，强行把难题推给他们是不会取得任何进展的。

[06] 没有一线员工的合作将无法解决问题

设计方法

数据科学家并不是掌握了所有的分析方法。

数据科学家之间共享用什么方法分析想知道的数据这一课题，

并寻找解决的头绪。

数据　　　　　　　　分析方法　　　　　　　　想得到的答案

◆ 方法的选择是关键

　　如果 SEC 04 提到的"想知道的事情"已被定义并采集到了被认为需要的数据，那么下一步就要考虑解决问题需要何种方法，而这就是数据科学家的工作。

　　不同类型的人有不同的做法，笔者常常在纸上记下大概的过程，有时会做原型（prototype）试验，以便决定使用哪个方法更合适。

　　统计学或机会学习有各种分析方法。一般给予哪种输入就会得到哪种输出。

　　想一想做菜的过程吧。决定想吃什么并当所需材料都攒齐之后，便开始考虑是煎、煮、蒸还是炒，怎样做才更好吃。这也是数据科学家一展身手的地方。

◆ 方法有上千种，实际会用的却只有数十种

统计学或机会学习等有众多分析方法。笔者不能说全部数过，但大概至少也有上千种。

但是不是大多数数据科学家都完全理解并熟练掌握了呢？答案肯定是"不"。有时通过查阅书籍和检索网络的确可以用了，但更多时候应该都是为不了解的方法而困扰吧。

实际上，大部分人都有自己用于解决问题的某种程度的固定模型。就像剑术中的流派，谁都有"拿手的方法"，其中也有生搬硬套模型的人。

因此，当团队有多名数据科学家时，相互共享并讨论打算使用的方法非常重要。[07]笔者也建议在进行分析前暂停一下，先讨论使用什么方法更好。这也是让容易拘泥于手段的技术人员重返目标的重要时机。

[07] **方法多种多样**

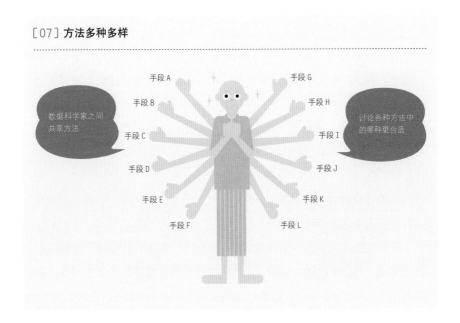

测量数据

近年随着 IoT（物联网）化的发展，数据的采集变得容易，

在商业活动中的使用也逐渐增多。

在数据科学中，数据的测量发挥着重要作用。

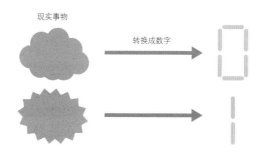

现实事物

转换成数字

◆ 将所有社会现象数值化

　　设计分析方法之际，如果发现手头没有所需数据，就要首先从数据的测量开始。"如没有、就测量"是铁则，并借此将所有社会现象都予以数值化。

　　数值化就是将模糊且不宜分割的现实在某处进行切割，置换为不存在模糊的数据。无法用数据完全表现的部分信息可能会被遗漏，但有总比没有好。

　　如果将数据测量的范围区分为网络世界（Web）和现实世界，那么测量的难易度则完全不同。[08]

　　网络是数字世界，不能测量的范围比较小。测量方法先进，自动化也得以推动。倒是手动测量很稀奇。而现实世界是非数字的，无法测量的范围比较广，并且如前所述，即便可以测量，或多或少都会有遗漏的信息。

[08] 网络和现实的测量区分

	网络	现实
自动测量	○	△→○
手动测量	△	○

网络世界擅长自动测量，现实世界擅长手动测量

◆ IoT 的发展带来的变化

但是，随着 IoT 的发展，现实世界中的自动测量不断进步，可以测量的范围飞速扩展。长期以来现实世界不擅长的数据自动测量问题在 21 世纪第一个十年的后半期基本得以解决。

比如，如果在拖拉机上搭载 IoT 并使用 GPS 测量距离，就可以使自动耕作成为可能，应用范围越发广泛。[09]

[09] 无人拖拉机的农业耕作

采集、积累数据
（线上数据）

为了顺利进行数据分析，
可以考虑利用云计算积累数据。
使用线上数据时，
有必要对个人信息的使用进行严格管理。

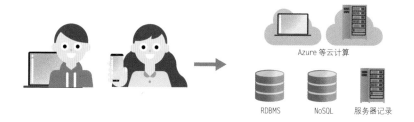

Azure 等云计算

RDBMS　　　NoSQL　　　服务器记录

◆ **积累数据的基础**

　　随着数字设备的发展，网络和应用程序等的数据采集量不断增加。过去仅仅保存数据就会花去大量资金，而如今价格却已十分低廉。

　　比如，使用计算机在电子网站购物、使用智能手机玩游戏等这些活动在设备上的使用记录都能被采集并积累起来，而数字使用记录不必特意使用非数字的纸张记录。

　　考虑到为了在后续工程中便于分析，被采集的数据积累在关系型数据库管理系统（RDBMS）或非关系型数据库（NoSQL）等数据库上比较理想。即便只是提供了简单的服务记录，但是最近也出现了使用实时开源的数据采集器（Fluentd）的 AWS（亚马逊提供的专业云计算服务）等向云转送的方法。

　　借用技术的力量，积累数据基础的过程自动化就变得比较容易了。

◆ 绝对保护个人隐私

由于使用记录记载某人在某地的活动，因此必须保护个人隐私。"能够识别特定个人"的事物都是个人信息。除了姓名和住址，如果电子邮箱地址也能特定到个人，那么这也属于个人信息。

基于 2017 年实施的新版《个人信息保护法》，如果对个人信息加工后使之无法识别出其个人，在一定规则下未经本人同意也可以提供给外部。同时，对数据实际上如何被使用，以及个人能够更好地了解有关自己的数据被如何使用方面加强了管理。[10]

总之，要点在于不要擅自或欺骗客户采集数据，尽量将采集理由解释清楚。商业数据科学不是必须躲起来偷偷摸摸做的工作。

[10] 强化有关个人信息的管理

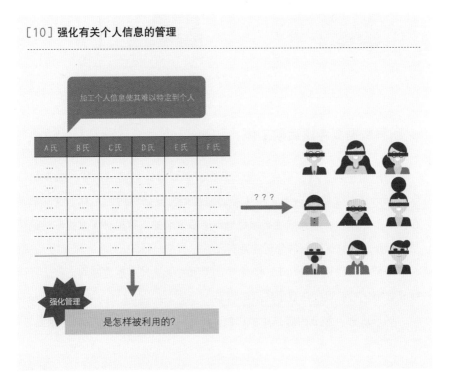

采集、积累数据
（线下数据）

分析在现实世界中测量的数据时，必须将这些数据数字化，

为此需要编程语言和分析工具。

在积累数据之际，考虑到后期工作一般会

使用便于分析的数据进行记录。

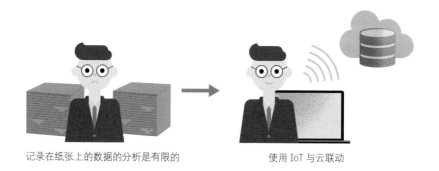

记录在纸张上的数据的分析是有限的　　　　　　使用 IoT 与云联动

◆ 积累数据要考虑后期工作

　　与网络不同，现实世界测量的数据有必要最终置换成数字。数据科学家在分析时会使用 python 和 R 等的编程语言或分析用的工具。这些都在机器上操作，所以数据也必须是机器能够读取的。数据科学家能够对记录在纸张上的数据进行的分析非常有限。

　　因此，可以说运用 IoT，将其与云联动的测量方法是最好的。自动置换成数字，可以直接在数字环境中积累。

　　如果这种方法有困难，也可以使用计算机和平板电脑进行手动测量，然后记录在 Excel 或文本上。

◆ 什么是"有数据"？

如果是手动测量，那么至少也记录在 Excel 上吧。手动无法测量全部的数据，也许会发生遗漏或错误记录的情况，但只要在后期工作中进行核对就可以解决。

有的公司自称有很多数据，但所有的数据都被记录在 PDF 或照片（JPEG 图像）上，因为"那样方便"。但是，为了进行分析而将其数字化的工作却非常花费工夫。

为了推动商业数据科学，"有数据"将同义于 <u>"数字数据被像数据库那样保存数据的系统所管理"</u>。被记录在纸张上的数字（即便目前在公司内都被称为数据）不应称为数据。在后期分析工作中能够使用的才是数据。[11]

[11] 将手动测量做成分析中能够使用的数据

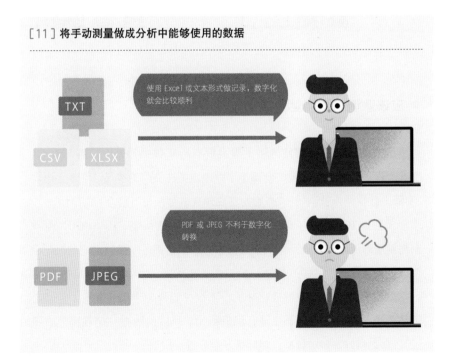

数据核对

采集到的数据未必就是正确的，

总会在哪儿有问题。

在进行分析的时候，

数据核对非常重要。

◆ 应该意识到数据是会出错的

不仅现实世界，即便网络世界也没有所需数据都毫无遗漏和误差、准确无误地被测量，并最终全部干干净净地摆在面前的情况。常常会出现"实际上数据并未被测量""查看内容发现数据存在相当偏差"的事情。

无论是 100 次中有 1 次出现 0.5% 测量误差的系统，还是由于发生数据测量遗漏而导致比前一天减少几倍存取记录，都曾经显示过"数据记录得很好"。

如果使用这样的数据进行分析，那么只能得到错误的答案，并且必须从头再来。因此，需要在潜意识里认为"获取的数据一定在哪儿有错误"，有必要好好核对数据，然后再开始分析。

◆ 有哪些核对方法？

数据的核对方法有很多，经常使用的方法包括通过坐标图确认或者部分数据亲眼目测确认，以及花时间对照目的和设计方法考虑所需项目数据是否齐全。[12]

数据用曲线坐标图或条形图表示的好处是，一眼就可以看出特定时间没被测量或者特定项目的数据非常突出，异常值或测量机器的过失等也能很快被发现。另外，也推荐将分析对象一行一行用目测的方式确认。

最好将手头的数据重新审视一遍以确认是否"都是真正需要的数据"，因为实际开始分析之后容易只考虑眼前的数据。如果没有数据就需要采取措施返回前期工作等，否则很有可能带来错误的答案。

[12] **核对方法的例子**

	核对方法	内容
☐	做成坐标图	将手头的数字群做成坐标图（详细参考 SEC 10），确认有无异常值或机器过失
☐	对照目的和设计	将手头的数字分别对照目的和最初设计的分析手法，确认是否足够
☐	亲眼确认	即便只是其中一部分，也可以亲眼确认手头的数字群

从数据群中选取代表性数据的"概括"

为了进行数据分析,
首先必须掌握数据的全部内容。
为了把握数据形态而使用的
"概括"有多种方法。

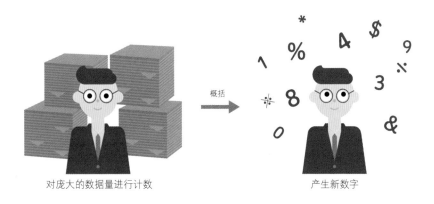

对庞大的数据量进行计数   概括   产生新数字

◆ 什么是"概括"?

数据就是像 Excel 那样横向多列、纵向多列的庞大数字的集合。突然收到数据并被告知"之后就靠你了",此时如果不掌握数据的具体内容也就无法进行分析。

首先,从掌握数据的形态开始。如果是实体可以通过眼和手进行感触,但是需要分析的数据大部分都是数字(偶尔也有纸张),不易把握整体。

为此,可以利用"概括"的方法,即从海量数据中重新制定代表数据特征的数值。通过概括产生新的代表性数据来掌握整体情况和特征,即便不全部阅读数据,也能够把握住数据的形态。

◆ 代表数据的数值是什么?

概括的手法之一是"抽取"代表数据的数值, 也许更应该说是抽取最具特征的数值。

其中, 最常使用的是"平均数"。平均数作为代表数据的中间值常被使用。比如, 5 名男女, 年收入(日元)分别是 300 万 2 人, 350 万、450 万、1000 万分别 1 人。此时的平均年收入是 480 万。但是实际上, 5 人当中并没有年收入 480 万的人, 这只是作为平均数新创造出来的数据。这是平均的弱点, 与实际数字相比很难称为"中间"值。

除了平均的方法, 也可以将数据由小到大依次排列而取位于中央的"中位数"。在前述的年收入例子中, 中位数是 350 万。因此, 为了了解数据的正中央, 应该知道平均数和中位数两种方法。

除此之外, 还有数据中高频出现的"众数"等。首先了解一下"平均数""中位数"和"众数"吧。[13]

[13] 平均数、中位数和众数

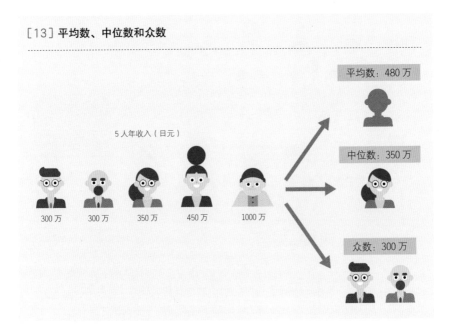

5 人年收入(日元)

300 万　300 万　350 万　450 万　1000 万

平均数: 480 万

中位数: 350 万

众数: 300 万

◆ 数据的离散程度

即便 A 与 B 的平均数和中位数相同，也不一定所有数据的平均数和中位数都相同。说到底，只是概括的结果相同。

除了上述方法，概括还有寻找数据点离散程度的方法。最常使用的就是"标准差"。数据如果集中在平均值的周边，标准差就会变小，相反，如果离散的程度越高，标准差就越大。[14] 标准差意味着"离散度"，比如，在制造业等很小的误差就有可能致命的行业，为了使螺丝钉的直径不出现误差而开始关注标准差。

读者熟悉的升学偏差值*其算法也使用了标准差。也许不常听说，但在了解数据形态时标准差也是最常用的方法之一。

[14] **标准差**

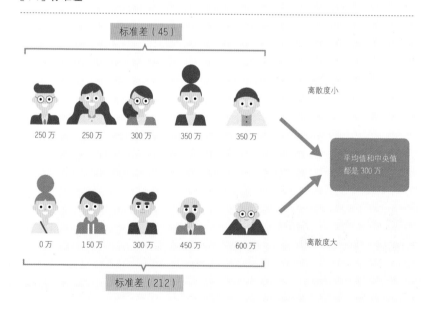

---

* 升学偏差值，是日本人对于学生智能、学力的一项计算公式值，是指相对平均值的偏差数值。在日本，偏差值是评价学生学习能力以及录取的重要标准。——编者注

◆ 表现数据的形态

有些方法不是使用平均数、中位数、标准差等创造出新数据，而是通过绘图表现数据的形态。

第一种方法是"直方图"。横轴表示数据的类型，纵轴表示其类型范围对应数据的数量，由此可以视觉认识数据的分布状况。由于分类由直方图制作方完成，因此即便同一数据也有可能做成不同的图形。

第二个是"箱型图"，纵长的箱体上下伸出点和胡须般的线，同样可以视觉认识数据的分布状况。数据的排序从小到大，分别表示下限、下四分位数、中位数、上四分位数和上限的数值。

代表性的意见认为，直方图识别从中心开始的离散程度是多少、箱型图识别从下四分位数到上四分位数所占幅度是多少没有固定的规则。[15]

[15] **直方图和箱型图**

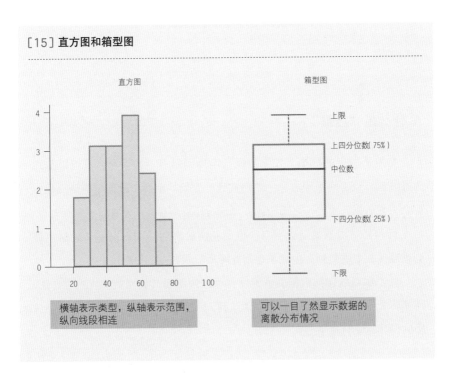

直方图

箱型图

横轴表示类型，纵轴表示范围，纵向线段相连

可以一目了然显示数据的离散分布情况

"压缩"：把相似数据集合成一个

大量数据有必要使用"压缩"的方法。

把整体数据做成容易理解的形态。

"主成分分析"和"因子分析"的压缩方法尽管相似，

但是也因为不同使用目的而有差异。

变量 1	变量 2	变量 3	变量 4	变量 5	变量 6	变量 7	变量 8
				列		行	

压缩 1	压缩 2	压缩 3

◆ 什么是"压缩"？

　　测量某地点的数据，如果数据行增加到数万、数千万，就可以称之为大数据。或者测量地点从一处增加到一万处，增加了数据列的情况也可称之为大数据，总之与之前相比，无论行还是列都有所增加。

　　行和列增加了量就会变多，也会花费更多的时间去理解。此时也许会想减掉相似的数列，但又不想因此降低测量数据的准确度。

　　为了尽可能保持数据的准确度，可以使用削减数列的"压缩"方法。压缩将大量削减数列，当数据大体达到人类也可以理解的容量程度时，分析的路线也就打通了。

◆ 压缩为更少数列的主成分分析（PCA）

压缩方法之一的主成分分析是指通过仔细查看众多数列，将看似相关的数列尽可能集合为一个，使其成为几乎看不出相关性的数列。

比如，如果将5门课的考试成绩按照成绩好坏的整体评估和分文、理科集合成2个数列，即便不看个别科目"数学不错，但英语不行"，也能够简单评估出学生的成绩是"良、偏文科"还是"差、偏理科"等。[16]

但是正如将看似相关的5列集合成1列一样，可能会把不相关的数据舍弃是这个方法的缺点。即便有"理科不行，但数学不错"的学生，也很有可能被忽视。因此，压缩说到底只是观察整体趋势，而细微之处会有出入。

使用主成分分析方法分析集合数列时，由于可以确认原数列信息丢失的情况，因此可以基于这些情况做出某种判断。

[16] **主成分分析**

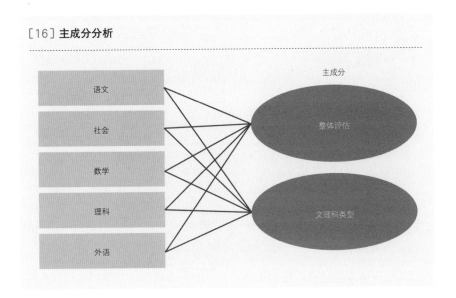

◆ 观察尚未测量的数据的因子分析（FA）

压缩方法除了主成分分析外，还有"因子分析"，即通过仔细查看众多数列找出隐藏的具有代表性的因子（导致某一结果的本源性要素）。

因子分析是从研究"智能"这一用眼睛看不见且无法直接测量的概念中产生的分析方法。假定如果有智能，那么就会以试验结果的形式体现出来，因此只能从各种现象中推定概念。

比如，在有关使用 SNS 理由的问卷结果中如果出现 3 个背景时，与其关注各种项目，如果能用一句"只是什么都不想地随便看看"这种被动态度的话总结，分析会更容易吧。[17]

分析者会根据自己的独断和偏见任意为因子起名，由于因子分析多少需要判断力，因此有些人并不擅长因子分析。

[17] 因子分析

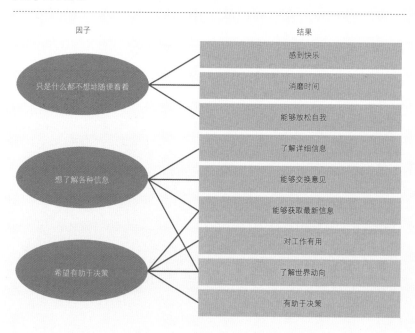

◆ 围绕"使用哪种方法"的宗教论战

主成分分析和因子分析都可用于压缩数据，而应该使用哪种的争论时有发生。有时甚至被比喻成宗教论战。

主成分分析是把有多个数列的数据作为"主成分"集合，可以看作一种拘泥于能压缩到什么程度的方法吧。而因子分析是试图发现有多个数列的数据的潜在性"因子"的方法，可以认为是在制定为了从问卷结果了解其背景的新"标准"。

也就是说，假定有一组数据，如果将数据视为结果想了解其背景原因就使用因子分析。而想使用这组数据，但又想集合得再小型些，那就使用主成分分析。

方法上二者相似，但根据使用动机又有所不同，因此原本是无法混合使用的。[18]

[18] 主成分分析和因子分析

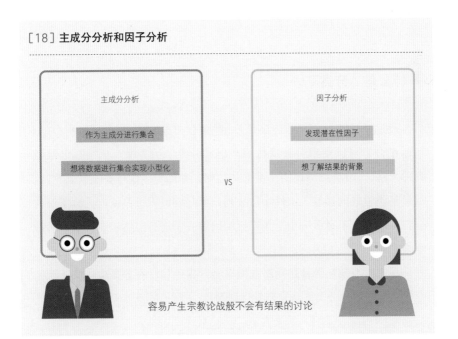

主成分分析

作为主成分进行集合

想将数据进行集合实现小型化

VS

因子分析

发现潜在性因子

想了解结果的背景

容易产生宗教论战般不会有结果的讨论

发现同类的
"分类分析"

为了把握和分析数据的倾向，"分类"不可或缺。

分类方法有将相关数据集合在一起的

"聚类"（Clustering）或者根据规则分类的

"分类"（Classification）等。

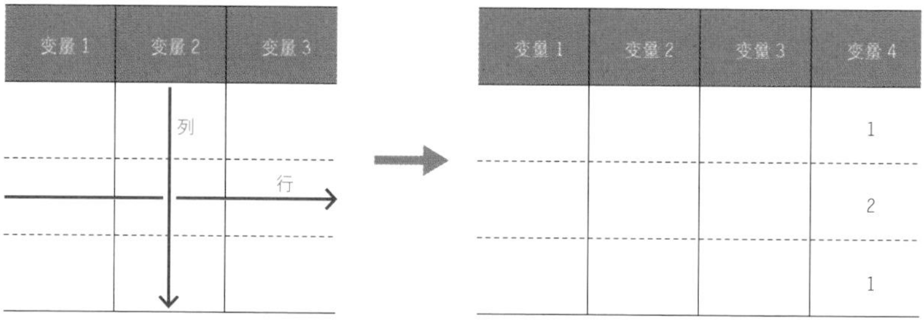

◆ 什么是"分类"？

通过压缩集合"数列"。接下来也想集合"行"吧。

集合行可以使用将数据按照小组"分类"的方法。压缩是削减数列的方法，"分类"与此相反是追加数列，并加上"这行是某系列""这行是某类型"的标签。虽然增加数列，但只要查看标签就能大致了解这一行的倾向，不必再一个个查看行的内容或者进行归纳也能找到分析的路线。

深度学习的起源神经网络或简单感知器也包含在分类中。基于这些背景，近年来，分类方法也越发受到瞩目。

◆ 将数据分成几种的聚类分析（Cluster Analysis）

"聚类分析"是分类方法之一。Cluster 是群和组的意思，即决定把数据按类分组的标准，详细查看众多数据行，将有相关性的行集合成同一小组的方法。

比如下图［19］，如果决定将 10 个球按照数据的特征"分成 2 组"，就能够分成 A 或 B，如果"分成 3 组"就能够分成 3 种颜色。

聚类分析并没有固定的正确模式。如果决定分成 2 个，就按照逻辑决定 2 个簇。聚类方法无法决定是 2 簇还是 3 簇正确，但存在着有助于分簇的逻辑。

［19］**聚类**

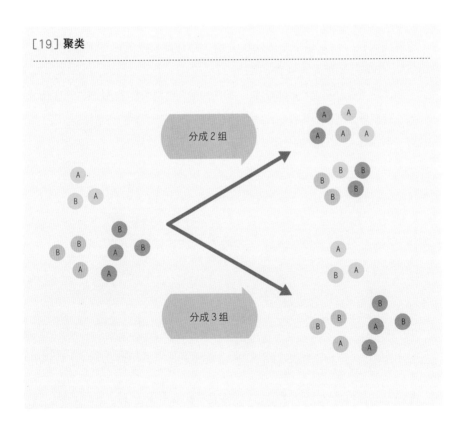

◆ 分类新数据的分析方法

分类方法除了聚类分析，还有"分类分析"。Class 是领域或类别的意思。与聚类分析不同，小组的数量以何种理由分配是有规则的，是一种基于规则集合小组的方法。

分类分析有多种方法。

比如，采集使用 2 节电池的手电几年可以耗尽电池的信息。采集结果如下图［20］，信息显示，电池大体可以使用 4 年左右，之后用尽的概率会比较大。那么，4 年半时电池用尽的可能性是百分之几呢？知道其结果的分类分析方法之一就是"逻辑回归"。

首先，从现有数据中决定分类规则。由于从 3 年半到 4 年半这 1 年期间里，有的电池已用尽，有的还可以继续使用，因此不能使用从 0 到 1 的瞬间转换，而要用平滑的曲线分类，并且设立电池尽可能性 3 年 9 个月为 30%、4 年为 50% 的假设。

除此之外，还有"K 近邻算法"，即在向已知类别的数据追加未知类别数据时，选取最近的"邻居"，由这些"邻居"来决定其所属的类别标签。［21］这是一种为了活用过去的分类而在"这回大概也是这样吧"的瞬间做出判断的方法。

[20] 逻辑回归

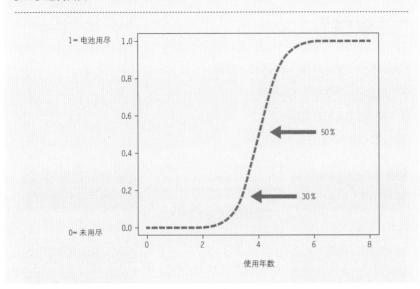

[21] K 近邻算法

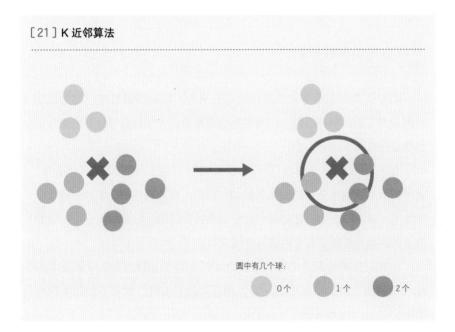

明确有无关系的
"关联性"

数据分析通过确认数据行之间有无关联性，
从结果上可以测量所带来的影响。
确认关联性的方法有绘制
"散点图"和"回归分析"。

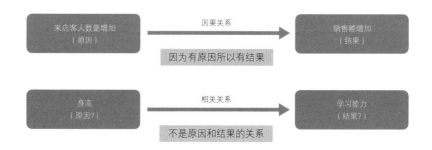

◆ 什么是关联性分析?

为什么要在商业活动中进行数据分析呢? 经过反复思考，笔者认为可能是为了想证明什么吧。因为了解市场政策或天气气温等外界因素与销售额是否有关系十分重要。

首先，"关联性"是确认数列之间关系的方法。如果了解了相关性，就可以测算市场政策对销售额的影响。但是，在关联性中，我们知道一方增长另一方也会发生变化的是相关性关系，但证明一方是原因而另一方是结果的因果关系则是非常困难的事情。

比如，身高增长学习能力也随之增长，并不是因为身高增长了学习能力也就随之增长。由于学习能力和身高没有关联，也就不能说是因果关系。

◆ 表示两个数据关联性的散点图

表示关联性的方法之一是绘制"散点图"。如果有两个数据，将第一数列的数据设为 x 轴，第二数列的数据设为 y 轴而绘制的图形就是散点图。

比如，为了证明"某店顾客的来访频率可能与年龄有关"这一假设，可根据商店发行的积分卡数据统计出顾客年龄和来访频率的数据并绘制成散点图，其结果是点在右上行。[22]

这个坐标图说明，年龄增长来访频率也随之提高的相关性关系。当然，并不是所有数据都均等地以同一数值升高，但只要了解"大体这样"就足够了。散点图是一种使用 Excel 等图表计算工具就可以马上绘制的坐标图。

如果看不到两列数据显示出相似的倾向，坐标图显示平稳，也就说明不存在相关性关系。散点图是了解两列数据之间关联性最合适的方法。

[22] 绘制散点图

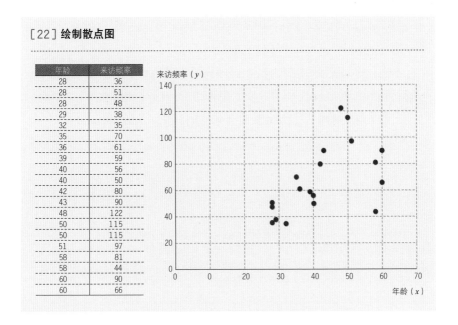

年龄	来访频率
28	36
28	51
28	48
29	38
32	35
35	70
36	61
39	59
40	56
40	50
42	80
43	90
48	122
50	115
50	115
51	97
58	81
58	44
60	90
60	66

◆ 明确关联性的回归分析

确认关联性除散点图外，还有为了说明某一数列变动是由其他数列变动引起的"回归分析"法。

回归分析中最常用的方法就是"线性回归"。即便 Excel 等图标计算工具在绘制散点图后，也可以通过 $y = ax + b$ 画出直线。[23] x 是横轴，y 是纵轴。如果 x 值增减，在计算出加权（算式中的 a）之后再求得 y 值就是线性回归。

从现有数据中求得 $y = ax + b$ 的算式（$y = 3x + 7$ 等，明确 a 和 b 的算式），如果假设 x 是 2，y 会是多少这种建立预测就是回归分析的特征。

回归分析寻求在散点图上绘制的点和回归直线之间的距离（误差）最小化。因为要查看所有数据的误差，如果含有一行倾向不同的数据，受这个数据的影响，其他数据的误差就会变大，当然，a 和 b 的数值也会变大。总之，只加一行分析结果就发生变化。

一元线性回归仅通过一个数列求得 y 值，但是现实商业中，多个市场措施、天气或气温这些外部因素等都会产生影响。这种情况就要使用多个 x 求得 y 值的"多元线性回归"方法。[24]

但是，多元线性回归是以多个 x 分别不影响其他 x 为前提的。比如，在实施公司的市场措施时，如果改变了竞争动向而对企业销售额产生着影响，就不可能求得准确的 y。这种现象被称为多重共线性（multicollinearity）。

[23] 线性回归分析

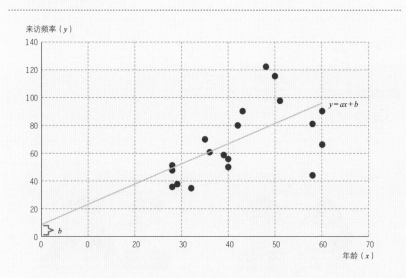

来访频率（y）

年龄（x）

$y = ax + b$

b

[24] 多元线性回归分析

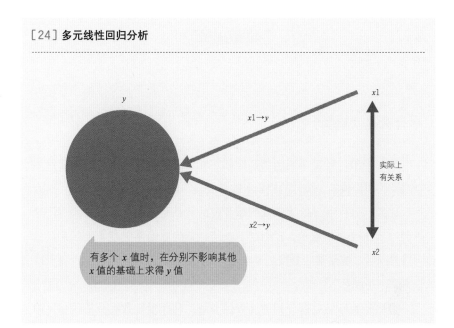

y

$x1$

$x1 \rightarrow y$

$x2 \rightarrow y$

$x2$

实际上
有关系

有多个 x 值时，在分别不影响其他
x 值的基础上求得 y 值

证明假设的"检验"

为了判断针对某一现象

获得的数据是否属实，

首先需要建立假设，

并对此进行检验。

A 小组　　　　　　　　　　　　　　B 小组

吃药　　　　　　　　　　　　　　不吃药

会产生差别吗？

◆ 什么是"检验"?

　　某一现象的发生是偶然还是非偶然？为了确认这一点我们需要使用"检验"（假设检验、统计的检验）的方法。

　　比如，可以通过检验来证明新开发的药品是有效的（不是偶然）这一假设。让 A 小组吃药，B 小组不吃药，其他方面两组基本没区别。过一段时间后，测量某些参数是否有所不同。如果统计上出现差别，就可以认为"不是偶然"。

　　检验是验证性数据分析的代表性方法。和探索性数据分析是相反的两个极端。这一过程需要采集证明假设所需的数据，但是数据采集并不花费时间，而将使用什么逻辑以证明假设所需的设计则耗时颇多。

◆ 零假设（Null Hypothesis）和备择假设（Alternative Hypothesis）

众所周知，检验的设置很麻烦，特别是"零假设"和"备择假设"这些概念尤为复杂，因此这是一个没有经验者很容易失败的领域。

使用数学的反证法思考也许更容易理解。在主张"狗是动物"时，就要建立完全相反的假设"狗不是动物"。通过发现假设的矛盾之处对假设进行否定，其结果就可以证明"狗是动物"。[25]

检验时，"狗是动物"这一假设被称为备择假设，而相反的"狗不是动物"的假设则被称为零假设，从采集到的数据中计算"如果零假设是正确的，那么本次采集到的数据中能得到的概率是多少"。这种计算就属于"发现并否定假设之矛盾"的方法。

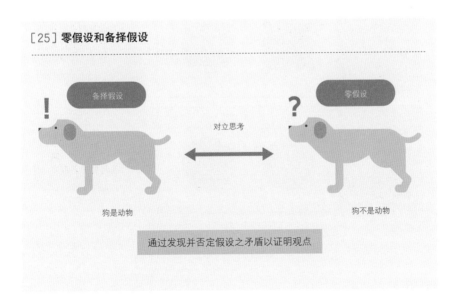

[25] 零假设和备择假设

备择假设　　　　　　零假设

对立思考

狗是动物　　　　　　狗不是动物

通过发现并否定假设之矛盾以证明观点

如果没有达到显著性水平，则可以判断零假设是错误的，此时就需采用备择假设。这被称为"放弃零假设"。[26]

难的是显著性水平一般在 1% 或 5% 等，但这更多依赖于主观意识，并没有共同标准。为此，如果"4% 采用备择假设，6% 就采用零假设"时，就会产生这样的疑问："那相差的 2% 又是什么呢？"

另外，即便无法判断零假设是错误的，也并非就能证明零假设正确，不能否定"狗不是动物"这一假设，并不说明这就可以证明狗不是动物。

也许这些模糊之处以及设置的困难也是诞生探索性数据分析的背景之一。

[26] 放弃零假设

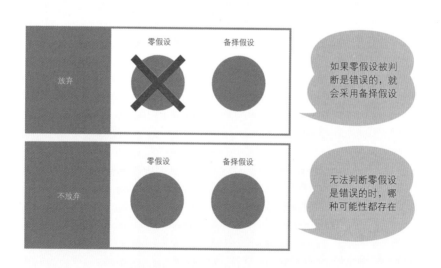

◆ 第一类错误和第二类错误

即便采集了数据，因为不是全部数据，所以有时手上掌握的可能是"没有体现整体性的数据群"。如果使用这些数据检验，就有可能发生<u>第一类错误（假阳性）</u>和<u>第二类错误（假阴性）</u>。

零假设实际上是正确的却被放弃（一般市民因冤案而被捕），被称为第一类错误；而备择假设实际上是正确的却采用了零假设（让真犯人逃跑了），就是第二类错误。[27]另外，假阳性和假阴性的发生概率不可能同时下降，一方下降则另一方就会上升。

也许，检验之际必须考虑到这些再得出结论，这也是更加让人感到"困难"和"麻烦"的因素。

[27] 第一类错误和第二类错误

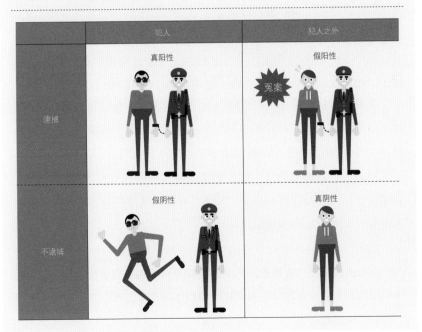

按照时间过程查看
"时间序列数据"

商界的数据都具有周期性。

由于数据有很多种，我们有必要

了解自己想进行的分析是否适用。

日	A	B	C	D
7/19				
7/20				横截面数据
7/21				
7/22				

时间序列数据　　面板数据

◆ 横截面数据、时间序列数据、面板数据

数据大体可分为横截面数据（cross-section data）、时间序列数据（time series data），以及兼顾了二者特征的面板数据（panel data）三种类型。

横截面数据是指某一时点采集的不同对象的数据。比如，某班级 X 月 Y 日所有学生的身高，某公司 Z 年 X 月各部门的销售额等，即表示在某一时间轴 1 点的多个项目的数据。

时间序列数据是指就一项事物按照时间顺序统计到的数据。比如，在某校学习的 A 每一年的身高，某公司 B 部门每个月的销售额等，即表示在某一事物 1 点上时间轴的数据。

面板数据是将横截面数据和时间序列数据加以整合、由多个项目和时间轴构成的数据。根据数据的类型可以分析的内容也会随之变化。由于横截面数据不能分析时间序列数据，因此，在分析之前应该了解自己想进行的分析是否可以使用横截面数据。

◆ 时间序列数据所隐藏的规律

每个星期五和星期六拥挤，每个月第四个星期三的销售额增长等，商业第一线的数据中时间序列数据占相当的比例。

商业第一线会有按照一定间隔反复的某种周期性。冬季受寒冷的影响、商业人士不工作的星期六和星期日的影响、销售额和人数增减的影响等都直接体现在数字上。在理解了这种周期性的影响之后，如果不进行数据分析，就只能做出"因为是夏天所以卖得好"这种理所当然的回答。

时间序列数据包含<u>长期趋势（Secular Trend）（长期波动）、循环变动（cyclic fluctuation）（无确定周期的中长期波动）、季节变动（seasonal variation）（以 1 年为周期的波动）和不规则变动（irregular variation）的四种类型</u>。也就是说，时间序列数据是由长、中、短期因素以及外部因素等各种事物重叠，像夹心千层糕一样的数据。［28］

[28] **时间序列数据是夹心千层糕结构的数据**

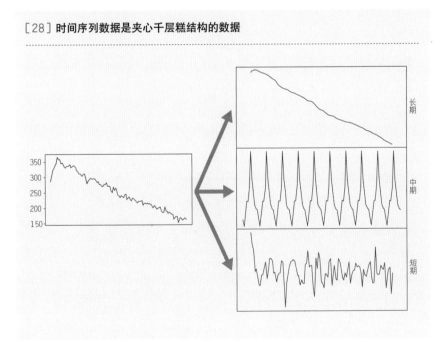

◆ 小心"伪回归"

在中长期趋势中，不仅是自己的公司，还包括某个行业整体，或者说产业整体都受影响的情况。当分析本公司与其他业界的 A 公司销售额时，即便认识到"好像有关系"，但可能仅仅就是受到了隐藏趋势（比如说经济景气恶化等）的影响，而没有任何实际上的关联。

在使用时间序列数据的回归分析中，双方看似有某种关联的现象被称为"伪回归"（spurious regression）。[29] 为了避免伪回归之间的分析，有判断时间序列数据是否稳定的"单位根检验"（unit root test）或者与一个时点之前的数据之差的"差分系列"等各种回避措施。笔者不做具体说明，但是如果仅就时间序列数据而言，请注意不要认为"因为有数据所以就没问题了"。

[29] **伪回归**

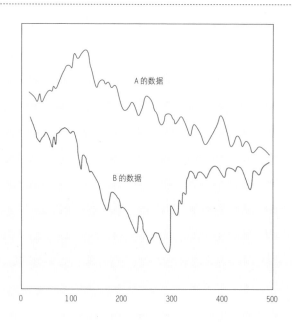

◆ 时间序列数据分析的方法

时间序列数据非常深奥，值得尝试。在此介绍一下使用 Excel 就马上可以尝试的"移动平均法"（moving-average method）。

比如，有以每天为单位的数据并测量其一周数据的平均值。下一次错开一日测量一周的平均值，再下一次又错开一日测量一周的平均值……不断重复这样的测量，被称为"七日移动平均法"。［30］

移动平均法排除了在测算平均值期间内趋势的影响。因此，能够综合判断并确认是上升或下降趋势。假设有 1 个月为单位的数据，如果测量 12 个月的移动平均就可以消除季节因素的影响。

[30] 移动平均法

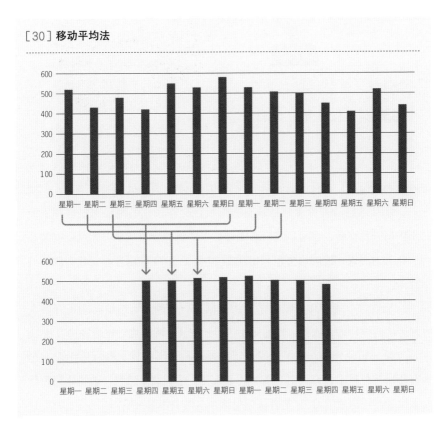

通过数据倾向进行预测的 "机器学习"

近年来，机器学习和深度学习的技术飞速发展，

并取得了优秀的成果。

在此分别介绍一下其各自的特征。

从数据的动向可以发现……

◆ 从数据中抓住特征并形成法则

即便不使用程序做出一个个指示，机器仍可以从数据倾向中找到规则和判断标准，这种运算法则化的学习方法被称为"机器学习"。

统计学在没有计算机的数百年前就已存在，它的主要着眼点在于使用数据进行证明，也可以进行人工计算。而机器学习从最开始就以安装在机器上为前提，追溯历史也只出现在 20 世纪 50 年代以后，是相对较新的技术。

机器学习的主要着眼点是使用数据进行预测，可以说是为了开发人工智能而设计的方法群。目前深度学习是主流，除此之外也有各种方法。

说一句题外话，为了开发人工智能的技术不仅仅只有深度学习，也有使用其他技术研究人工智能的技术人员，他们总是感叹"被媒体问为什么没有使用深度学习"，笔者认为应该在本书中留下一笔。

◆ 有监督学习和无监督学习

运算法则多种多样，首先了解一下<u>有监督学习和无监督学习</u>。

有监督学习是指通过将从某个数据中学习到的倾向用于新追加的数据寻求答案的算法。对于"根据现有数据制造的磨具"，如果认为新数据和以往相同，那么某种程度新数据也应该可以放进磨具中。

而无监督学习是从数据的各种特征中抽取本质性结构的算法，从数据的外观和规则性中产生新的"特征"。

二者的不同之处在于<u>是否存在正确答案</u>。有监督学习是匹配"磨具"然后进行预测的方法，而无监督学习没有事前制造"磨具"的概念，更没有参照磨具寻求新答案的思路。[31]

[31]**有监督学习和无监督学习**

081

◆ 什么是深度学习?

深度学习是<u>以往人类给予的特征向量（特征）变成由机器自己寻找的学习方法</u>。

比如，图像上显示的手写数字"8"，为了使用深度学习准确地说出"8"，我们首先需要将对图像进行纵向、横向的细分。最初只抽取部分特征，但随着层次加深便可以看清整体，也就能够一点点看清楚"放映的是什么"。最终，会得到"这不是8吗？"的答案。[32]

当然，完全什么都不学的状态是无法判断"8"的。正是事前学习了无数个"8"的图像，使之成为"磨具"才能说出是"8"。另外，深度学习会从抽取的数据中提示最接近的答案。上述手写数字的例子中，由于"3"也可以说是距离答案较近的数字，因此有提高概率的可能性。

[32] 深度学习识别手写数字

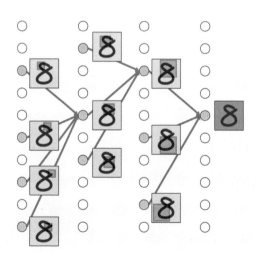

数字	概率
0	0.00
1	0.00
2	0.00
3	0.09
4	0.00
5	0.00
6	0.00
7	0.00
8	0.90
9	0.00

◆ 深度学习的特征

在输入层和输出层之间有多层被称为中间层的重叠层，这是深度学习的特征。[33]

有监督学习就像是"用手头的数据制作的磨具"。几百、几千种数字组成的数据多次流入磨具，从输入到中间层，数据结结实实地凝固在了一起。想象一下弹子球游戏。弹子从上面掉下来，或往左或往右，碰撞到钉子的角度稍有偏差就会被弹到不同方向。深度学习也是如此，在 1 和 2 的时候，为了让弹子进入最终输出层 1 或 2，会根据输入值微妙地调整弹子不同的飞行角度。

但是，深度学习只能根据事前准备好的内容处理。比如，即使不是 1 而是把人脸作为输入值，弹子也会根据决定好的规则跳动，然后某一个输出层做出反应。看似很聪明，但实际上似乎也缺乏判断力。

[33] 输入层、中间层、输出层

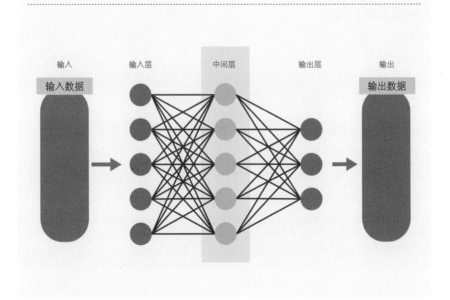

用编程进行装载

为了实际驱动数据科学中使用的数据，
编程和云计算不可或缺。
其中 Excel 安装了充足的功能，
在数据科学家中深受好评。

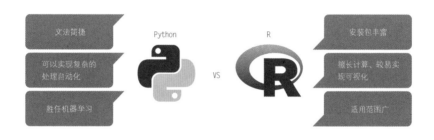

◆ 最基本的编程

从 SEC 10 到 SEC 16 介绍了各种方法。而实际驱动这些方法可以使用 R 语言或 Python 这些开源自由软件的编程语言。无论哪种语言，都能在之前介绍的方法中使用，而 Python 更能胜任机器学习。

R 语言比 Python 更擅长计算，针对统计学的运算法则的应用范围广，容易实现可视化是其特征。Python 没有像 R 语言那样专门应用于数据分析，而是嵌入系统自动进行复杂处理。可以说，为了研究而进行数据分析就使用 R，如果作为服务的一项功能应用就选择 Python。

如果想了解更多数据分析，笔者推荐起步容易的 R 语言。因为 Python 接近编程，仅仅构筑环境就可能要经历一番苦战。

◆ 数据分析用工具群

如果不擅长编程语言，可以使用能够操作图形用户界面（GUI）的分析软件工具，其中代表性的软件工具包括 SAS 或 SPSS。

SAS 和 SPSS 都是 20 世纪 60 年代开发的软件。在个人没有计算机的时代，主要作为面向通用计算机的统计解析包出售，并在之后被使用了数十年。很多大学和大企业都进行了引进，可以认为这个工具的输出结果本身不会出问题。

但是，无论哪一种工具的价格都不菲。如果想控制费用并能够马上开始使用，那么可以考虑 Excel 内置的数据分析功能。Excel 具备直方图、回归分析、审核等固定方法，众多数据科学家也主张"首先会使用 Excel 的数据分析功能就足够了"，笔者也是其中一人，不使用这些功能，即便引进付费工具，也有些规格过高。[34]

［34］Excel 的数据分析功能足以应对

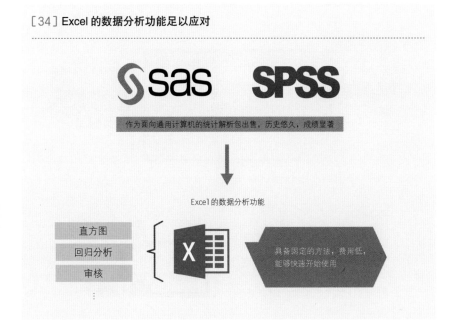

◆ GUI（图形用户界面）运用中云也是可选项

想使用 GUI 操作时，除了软件工具外，还可以选择云计算。

以云计算（cloud computing）平台闻名的 Microsoft Azure（微软基于云计算的操作系统），如果使用"机器学习工作室（Machine Learning Studio）"，通过拖住（drag）和删除（delete）的 visual 操作，不写代码也可以马上进行分析。虽然设定了各种限制，但也有免费版本，对于想试用的人来说再好不过了。[35]

云计算的数据科学在加速充实内容。现在，各企业积极采取行动，不断充实面向数据科学家的功能，今后"不需要编程""只会 GUI""适合初学者"领域也将得到充实。笔者认为，在此之前还需要习惯云计算。

[35] **机器学习工作室（Machine Learning Studio）的数据分析**

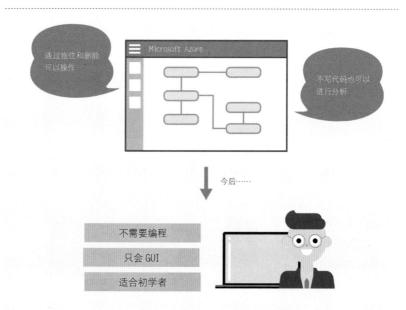

◆ 为了不知道使用哪个工具更好的人

本文介绍的工具在适合统计解析这一点上是一样的，笔者认为其主要区别在于是适合企业内部使用，还是适合可向企业外部公开的服务应用程序。[36] 为了推动商业数据科学，是寻求将机器学习与服务结合提高顾客满意度的服务自动化，还是从统计学观点出发加速基于数据的决策，目的不同用途也会发生变化。

如果即便没有成为数据科学家的打算，也想至少能明白数据科学家在做什么，那就从 Excel 开始吧。在出现"原来如此"的感觉后推荐使用 R 语言。"原来如此"的感觉非常重要，夸大商业数据科学作用正是由于没有好好理解其内容。哪怕仅仅 10 小时也好，试着用过后，应该就可以多多少少和完全不同行业的数据科学家进行对话了。

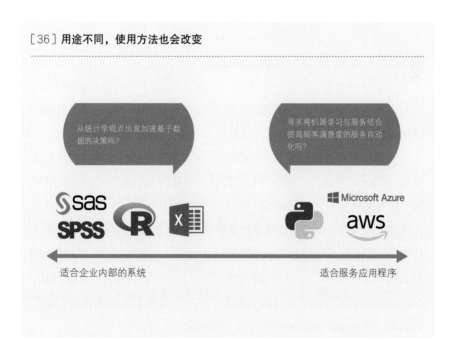

[36] 用途不同，使用方法也会改变

从统计学观点出发加速基于数据的决策吗？

寻求将机器学习与服务结合提高顾客满意度的服务自动化吗？

Microsoft Azure

aws

适合企业内部的系统　　　　　　　　　适合服务应用程序

实现分析结果的可视化

为了对对方的要求迅速做出反应，
用数据准备报告结果无可非议。
可以进行分析以及可视化的 BI（商业智能）
工具在商业人士之间备受关注。

◆ 纸质（还有 PPT）报告已经过时

　　以往，将分析结果可视化时，使用 PowerPoint 或 Excel 并打印自备的情况居多，但现在这种模式已经过时。

　　比如，汇报某市场从周一到周日以周为单位的分析结果，如果对方提出"我公司周日是一周的开始，想看周日到周六的数据"该怎么处理呢？由于是纸质打印，只能说"再给您一份周日到周六的结果"。为了防止出现这种情况，或许应该事前就分析轴和报告者进行磋商。当然，由于存在看到结果后才突然想起"如果这样的话"的可能性，因此无法完全避免上述情况。

　　也许看起来上面的例子有点极端，但是，当场就可以更改分析统计轴的 BI（Business Intelligence）工具不可或缺。

◆ BI 工具的优势是什么？

近年来，无论收费还是免费的 BI 工具都有很多种。商业活动中充满了数据，作为非数据科学家的一般商业人士也可以轻松对数据进行分析并可视化的工具，BI 备受瞩目。

BI 工具多种多样，其中"Qlik Sense""Microsoft Power BI""Tableau""MotionBoard"都是极易上手的工具。尽管这些都是免费试用软件，但功能受限，实际使用后或转换为付费版更为妥当。[37]

BI 工具的优势在于，更改统计轴、缩小数据范围等通常由结构化查询语言（SQL）所需的提取和加工程序在 BI 工具的画面上就可以完成。而且，可以像 Excel 那样马上制作坐标图，也能像 PPT 那样制作报告。因为可以马上做出修改，比纸质报告更便捷，如在上述例子中就可以迅速应对"想按周日到周六的顺序"这种要求。因此，现在各种分析报告都引进了 BI 工具。

［37］便捷的 BI 工具

	特征	价格
Qlik Sense	自助服务型 BI 工具。通过直观操作实现可视化或分析数据。由于能够对应多种设备，所以可以不问场地进行运作。	Cloud Basic: 免费 Cloud Business: 15 美元 / 月 ※价格为 1 位用户
Microsoft Power BI	自助服务型 BI 工具。非编程也可以进行数据分析。除了各种数据处理，还可以在组织内共享可视化后的数据。	Standard Edition: 3 万日元 / 月 Professional Edition: 6 万日元 / 月 IoT Edition: 9 万日元 / 月 ※价格为 10 位用户
Tableau	可以低成本引进的非编程 BI 工具。通过坐标图等丰富的表现方式，以谁都能够理解的形态将数据可视化并实现共享。	Tableau Creator: 10.2 万日元 / 年 Tableau Explorer: 5.1 万日元 / 年 Tableau Viewer: 1.8 万日元 / 年 ※价格为 1 位用户
MotionBoard	数据可视化的同时，能够实时掌握商业状况。不需要专业知识，直观操作并可以使用各种图标表现。	Power BI Pro: $ 9.99 / 月 Power BI Premium: $ 4995 / 月 ※价格为 1 位用户

报告分析结果

分析结果不仅仅是传递，更需要针对目的
提出结论并让对方接受。
有必要用通俗易懂的语言向对方进行说明。

◆ 那又怎样？（So what？）

在报告分析结果时什么最重要？事先控制对方的期待值并共享内容，防止出现"不应该是这样的啊"导致全部推倒重来的局面……可能回答有很多，但最重要的还是反复琢磨报告内容和结构，使对方产生认同感。

在报告现场常会出现的情况是，负责进行分析的人直接担任报告者，然后得到"不可能那么做""那些都知道""那又怎样？"等回答。笔者也遇到过几次这种情况，问题往往在报告的这一方面，只注意到报告分析结果，却未能针对最初定义的目标给出答案。

为了避免出现这种情况，在报告分析结果之际，不仅数据科学家，商业一方也有必要一起参加并磋商"应该做成什么样的报告"。

◆"商业方"考虑结论更合适

接受分析报告一方想了解的是自己是否应该做"想做的事情"的结论。说到底只要知道下一步"应该这样做"就足够了。<u>商业数据科学的主要报告内容并不是分析结果或详细信息，而是针对最初建立的目标的结论</u>，分析只是手段而已。[38]

也许商业方也不太了解分析的详细过程。但是，分析结果会得出什么样的结论，商业人士应该用心琢磨其逻辑。由于需要通过数据带来下一个商业活动的成功，因此有必要下些功夫。

顺便说一下，报告模式应当由确认目标、结论、理由（分析内容）、再次下结论四部分构成。

[38] **数据科学家和商业人士的作用**

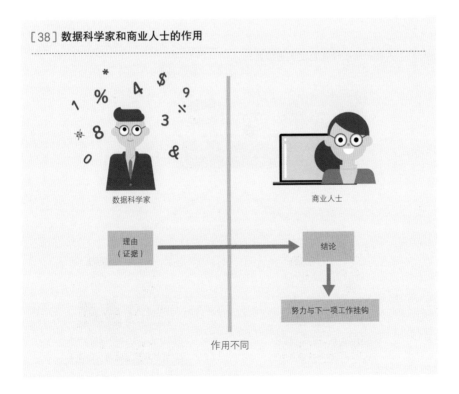

◆ 选择传递给对方的语言

分析结果未必都能让对方接受或高兴。"理由呢？""证据呢？"等被追问的情况也不少。

此时才正是数据科学家出场的时候（对本人来说也许是麻烦事），但也许能够很好交流的情况并不多。

分析内容本身是学究式的，如果对方不是很喜欢，原封不动的传递过去对方也不会完全理解。笔者在开始的时候也曾被骂过"你当我傻啊"。

将分析逻辑和内容尽可能转换成浅显易懂的词语再向对方传递也是数据科学家的一个重要技能。虽然容易被忽视，但拥有较好的语文能力也是数据科学家的必要条件。[39]

[39] 内容无法被传递也就失去了意义

用数学进行详细说明
（用自己的语言说明）

用语文简单说明
（用对方易懂的语言说明）

◆ 没有真正的"坏人"

被接受分析报告方追问，被一同参与的商业方拆桥，此时的<u>分析结果报告会</u>就像是各种描写生活的电视剧，觉得参加会议的人"都是坏人"的经历不是一回两回了。

但是，真正的坏人也就不会依靠数据科学家的力量，而是靠独断和偏见决定"就做这个！就这么定了！"，正因为苦恼和犹豫才需要数据科学。

正如本部分所介绍的那样，汇报之际应该回顾一下是否在讲述结论，是否使用了无法向对方传递信息的难以理解的语言。[40]也许其中有把数据科学贬为"神谕"的人，但即便如此，"神谕"也是基于数据有理论根据的。"这是最棒的！"——以这样的心情出席分析结果报告会也很好。

[40] 回顾报告方式

试着回顾一下报告方式

了解数据科学的
局限性

用于分析的数据不是完整的，

具备这种意识十分重要。

所有事情都在不断变化。

不是手头的数据越多就越好。

事前了解什么能行、什么不行

◆ 了解数据科学的局限性

商业数据科学不仅有优势、强项和特征，也有劣势、局限性和弱点。

孙子兵法中的"知己知彼，百战不殆"，在商业书籍中也常常出现。

正确把握对方和自己的实际情况可以战无不胜。在数据科学中，如果从开

始就知道什么不行，就可以避免事后被指责"不行为什么不早说！"

◆ "做成数据" 并不是完美的

在 SEC 06 已有一些介绍，即便测量了世间的所有事物，将模糊且无法分割的现实在某处进行切分，并置换为明确的数据，但这本身就会使通过数据无法表现的部分成为可能被遗漏的信息。就是说，数据本身原本就不是完美的。

应该明确认识到，在再现现实世界时，进行分析时使用的是并不太完整的数据。在和现实发生不一致时，首先应怀疑的是分析用的数据。无法用数据表现就会经常产生例外的事物。为此，保持可以规避风险的环境就变得尤为重要。[41]

[41] 没有完美的数据

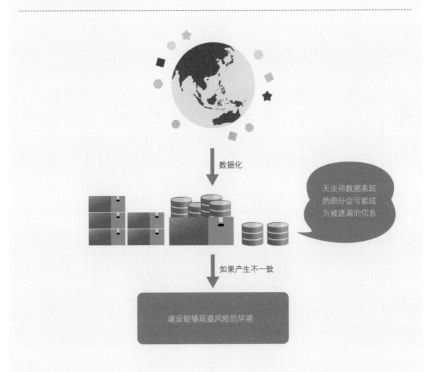

数据化

无法用数据表现
的部分会可能成
为被遗漏的信息

如果产生不一致

建设能够规避风险的环境

◆ 无法想象"不存在的数据"

数据科学以"手头的数据"为基础使用各种方法引导出结论。换句话说，完全不会考虑"手头没有的数据"。

比如，A 没有参加今天的聚餐是因为 A 不喜欢的 B 参加。但是，并没有表明这一点的数据。为此，正如从没有的数据中想象理由并明确表示为 A=0，只有存在表示没有的数据，才可以进行分析。没有 A 的数据，A 甚至不会成为分析对象，这就是数据科学。

"有"数据，但是作为状态却是"没有"。我们可以理所当然地在脑内置换信息。比如下图［42］，人类能够理解是否是瞎胡闹的文章是因为大脑内部的补充机能很优秀。但是，在数据科学的世界中却无法创造出同样的现实状态。

［42］**基于脑内置换的人类的理解**

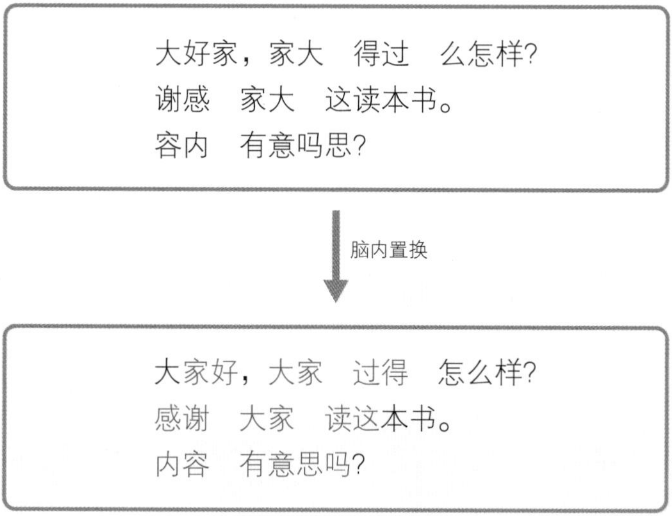

大好家，家大　得过　么怎样？
谢感　家大　这读本书。
容内　有意吗思？

↓ 脑内置换

大家好，大家　过得　怎么样？
感谢　大家　读这本书。
内容　有意思吗？

◆ 放弃"总之，去采集数据"的想法

不论好坏如何，对于数据科学而言，"手头的数据"就是所有。因此，也有高管会喊出"总之，去大量采集各种资料吧"的口号。

比如，投入大量资金测量所有社会事物，但即便根据这些数据预测"某只股票会涨"，笔者认为精准度也不会太高。因为，每天都有新的事件发生，随着无法测量领域的增加，自然精准度也就降低了。"不确定性"这一词语以前曾流行过，即发生太多新的事件导致已无法进行预测。[43]

无论怎么采集各种数据，分析的精准性在一定程度上都会出现饱和。因此，与其在这种事情上占用时间，不如思考如何用<u>最小的成本和最少的劳动力采集数据且能提高精准度的方法</u>。

[43] **不应大量分析数据**

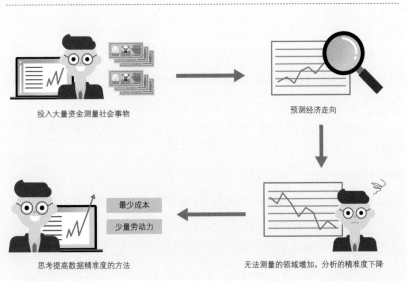

投入大量资金测量社会事物

预测经济走向

思考提高数据精准度的方法

最少成本
少量劳动力

无法测量的领域增加，分析的精准度下降

将人工智能引入
数字市场

读者对数据科学应该已经有所了解,

那么又是如何得到实际应用的呢?

让我们一起看看数字市场中引进

人工智能的案例吧。

◆ 市场营销平台"AD EBiS"

　　根据日本广告公司电通公司在 2019 年 2 月发表的《2018 年日本广告费》报告,在全部 65300 亿日元的广告费中,17589 亿日元为网络广告。网络广告费 5 年连续增长 2 位数,是飞速发展的产业。

　　与其他大众传媒不同,网络广告可以了解"广告被点击了多少次?""被点击的次数中有几次购买了商品?"等信息。这是因为有了使用计算机或智能手机的浏览器技术而可以在不用特定个人信息的情况下进行测量的技术。成本效益较易改善的网络广告对于中小企业而言,相对比较容易参与,正因如此市场也随之快速增长。

　　在网络广告的效果测试市场中独占鳌头的是株式会社 YRGLM 的"AD EBiS"。有报告称,截至 2019 年 8 月引进该平台进行测试的案例超过了 1 万件。

◆ 可以迅速开展麻烦的分析工作

在 SEC 03 中也介绍过分析工作非常费时间。必须在定义目标和测量、采集、核对数据之后方可进行分析。仅仅分析前的准备工作就要花费很多时间。

由于 <u>AD EBiS 拥有测试广告效果和使用测量过的数据进行分析的功能</u>，因此分析所花费的工夫可以大幅削减。由于仅仅引进系统就可以由系统取代麻烦的程序，并准备了一定程度的分析格式，因此使用者能够马上判断结果的好坏。[44]

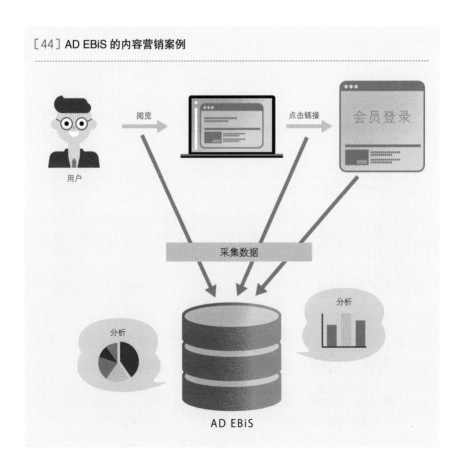

[44] AD EBiS 的内容营销案例

阅览　点击链接　会员登录

用户

采集数据

分析　分析

AD EBiS

◆ 以数据为起点与各种系统合作

AD EBiS 的优势在于有关网络广告的各种数据能够在系统上统一管理。

AD EBiS 承担着有关网络广告的数据测量的工作，除此之外也能获取合作方的各种数据。通过将数据组合，明确了"点击广告的以男性居多"，或者"平均年龄较高"等特征。AD EBiS 测量的数据在此之外也能够使用，因此被称为市场平台。

不仅数据分析，如果系统间有合作也可以灵活运用其他系统，还可以不间断地配送广告或邮件杂志。测量—积累—分析—活用所有都通过机器操作。可以说 AD EBiS 是一个能够实现从数据的基础整合到市场施策的系统。[45]

［45］**获取数据并明示特征**

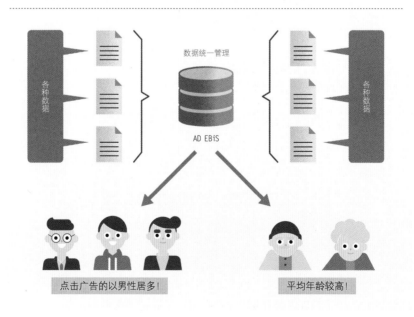

◆ 商业数据科学的难点

AD EBiS 自 2004 年开始销售至今已有 16 个年头。这期间，iPhone 的出现给世界带来了很大影响。现在 1 人拥有多台数字设备已是理所当然，在这一时代背景下，由于效果测试是以设备为单位进行的，就会出现即便是同一个人也会像完全不同的人测试过一样的问题。

AD EBiS 利用每年日本国内 120 亿次以上的访问记录数据，以及第三方数据和独自开发的人工智能，开发了即便设备和浏览器不同也可类推出是否是同一用户的技术。[46]

商业数据科学的难点在于根据外部因素数据的意义容易改变。比如，即便拥有大量数据，如果相对价值下降，数据的意义也会瞬间消失。测量技术也是一样。从这个意义上讲，AD EBiS 通过人工智能跨越了"智能手机"的大浪潮，实属稀少案例。

[46] 判别是否是同一用户

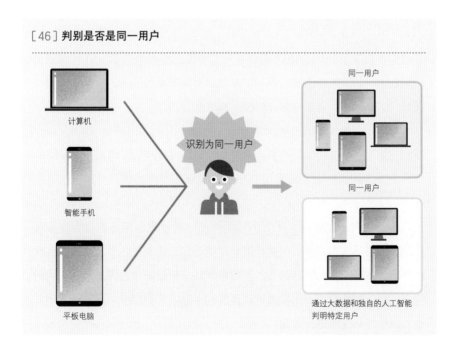

计算机

智能手机

平板电脑

识别为同一用户

同一用户

同一用户

通过大数据和独自的人工智能判明特定用户

将人工智能引入
制造业

这一部分将介绍制造业引进人工智能的成功案例。

引进人工智能前期的设定课题、

配备数据和实施 PoC 测试等工程非常重要。

◆ 地方工厂引进人工智能的案例

地方汽车零部件企业讨论引进人工智能，是因为为了应对订单增加而有必要延长工厂的开工时间，但却缺少检验产品的工人。为了克服这一问题，工厂讨论了几个方案，但哪个都不现实。

方案①：增员→由于是地方工厂很难招到员工；

方案②：从其他部门调换人才→检验工作需要经验，培训耗费时间；

方案③：引进自动检验设备→需要大幅修改生产线，引进专用设备费用会随之增高。

这时候有了"使用人工智能检验产品"的提案。但是，过去企业曾开发并分析过人工智能，但精确度却没能达到一定水平，并且也未能发现在复杂的制造工程中哪部分会产生不良产品，所以做出过无法实际应用的判断。由于判断自家公司单独推动开发和引进人工智能有一定困难，因此改为依托外部企业进行开发。

◆ 整理商业课题

被委托进行开发的企业首先从整理商业课题入手。随着工厂延长开工时间，产品的检验工作会增加，但是员工却无法增加，大型设备也不能引进。在原有生产线和员工的基础上解决这一问题，就有必要减轻员工的工作负担。

引进人工智能的优势有以下几点：

①通过人工智能的图像识别技术代替员工发现不良品。

②因为只是给原有设备加装摄像机，所以不需要大幅修改生产线。

③可以用比引进全新专用设备更少的金额完成这项工作。

也就是说，迄今为止人类从事的部分工作将由人工智能替代。这样，同样人数的情况下，开工时间就有可能延长。

但是，引进人工智能也会有风险和令人担心之处。例如：

①不能保证精确度。

②开发费用有变动的可能性。

③要在应用和保养上耗费精力以获取连续性数据。

实际上，开发系统的目标也并非像"引进人工智能就能减轻人类的工作"和"削减成本"那样简单。这家企业进行了三个月的 PoC 测试以评估精准度和成本，如果引进效果值得期待再正式启动开发。[47]同时，考虑到数据的前期处理花费时间和费用，PoC 测试之前又另外设定了准备数据所必需的调查期间。

[47] 引进 AI 的流程

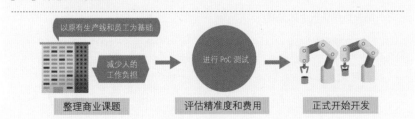

◆ 备齐数据和 PoC 的重要性

进行 PoC 测试在备齐数据的同时有必要确认业务知识。不仅是制造业，在需要专业知识领域的人工智能开发中，有没有业务知识对精确度和进度都会产生影响。这一次由于开发方没有业务知识，工厂方提供帮助并设定了以业务知识不影响精确度的部分为中心的工作范围等，商议了相互能够接受的工作内容。

在备齐数据方面，由于企业内部数据无法带出外部，工厂方希望开发方工程师常驻工厂。但是，开发方以距离远为由拒绝常驻，并建议使用能够带到外部的数据进行人工智能开发。因此，就企业内部的安全性和数据的使用方式等双方还需要进一步磋商。在此基础上，双方确认数据的数量和质量并制定预算和工作计划。

备齐数据的同时，开发方一边实施 PoC 测试一边进行验证，这一阶段将关注"什么样的分析方法有效""数据有无过于不足"等问题，在验证是否能够进入正式开发阶段的同时反复试错。通过 PoC 测试判断"是否能继续开发出可以承受实战考验的系统"。当发现有难度时，有必要判断是否马上停止开发。

不仅精确度和削减员工等数值目标，数据的使用方式、成果的权利、引进后的支援等都需要开发前协议。这是由于在开发活动中发生了这些问题，有可能无法集中精力进行本来的开发工作。同时，根据需要引进了人工智能却未能马上出成果这一点，以及明确说明不是以削减人员为目的而引进人工智能等，就这些问题企业内部拥有共同的认识非常重要。[48]

[48] 避免出现认识上的分歧

◆ 模型开发和反馈

以 PoC 的验证结果为基础，将开始正式的<u>模型开发</u>。模型开发工作就是设计人工智能判别产品有无不良品的规则。不良品的检测可以设想包括伤痕、塌陷、前端的缺失、表面的污渍和涂色不均等。

为了制定规则，需要向人工智能传授不良品特征的工作，这被称为<u>注解</u>。随着一系列工作的不断重复，人工智能的精准度也得以提高。

进行能够符合实际工作所需精准度的模型开发，<u>和一线员工齐心协力的推动非常重要</u>。为了得到一线员工的合作，这家企业在企业内部以可以看得见的形式共享开发工作进度的相关信息，广泛宣传引进人工智能的意义和目的。这也是为了顾及其他部门和员工，避免对引进人工智能采取不合作态度。<u>如果没有一线员工对引进人工智能的合作与反馈，也就无法提高人工智能的精准度。</u>所以，还是一边与一线员工建立合作关系一边推动开发工作吧。［49］

［49］**反馈对开发不可或缺**

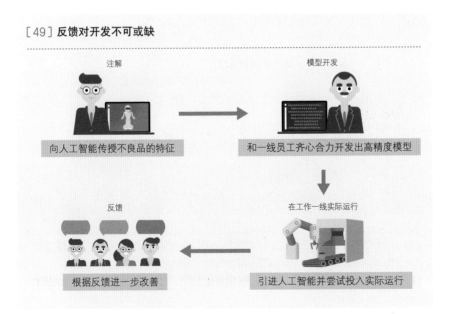

注解	模型开发
向人工智能传授不良品的特征	和一线员工齐心合力开发出高精度模型

在工作一线实际运行

反馈	
根据反馈进一步改善	引进人工智能并尝试投入实际运行

◆ 引进人工智能的成果和今后的展望

在为期半年的项目中，<u>以往由人靠目视完成的</u>工作现在通过摄像机<u>的图像识别和人工智能的判断进行辅助</u>，已经能够在一定程度上自动识别不良品。尽管目前还没有达到人工智能检测出全部不良品的程度，但由于生产线所需人数减少，工厂的开工时间得以延长。

这家企业开发出了以往未能实现、达到实际工作水准精准度的人工智能，能够辅助人类工作的范围也得以拓展。由此依靠感觉和经验的其他工作领域也开始了是否由人工智能取代的讨论。

在人手不足的今天，雇佣和培养也比以往更为困难，还有经验丰富的技术人员出现断层的危险。解决这些问题的方法之一就是人工智能。为此，这家企业让本企业工程师学习本次进行的人工智能开发的技术经验，为创造进一步推动引进和活用人工智能的企业内环境做好准备。

企业独自开发困难的解决问题层面的工作委托给外部开发公司，但今后计划进一步提高内部解决的比率。同时，不断获取连续性的数据和改善模式，推动开发完成度更高的人工智能。[50]

［50］引进人工智能的成功将扩大使用范围

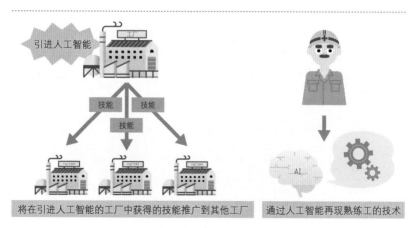

| 将在引进人工智能的工厂中获得的技能推广到其他工厂 | 通过人工智能再现熟练工的技术 |

◆ 为何引进人工智能获得了成功？

这次成功引进的因素包括以下几个方面：

①引进人工智能的目的十分明确

"减轻检测不良品的工作负担"这一目的非常明确。来自了解本企业强项和弱项的用户的建议也是最终成功的要素。

②理解了人工智能能够完成的任务

人工智能不一定比人类动作更正确，精准度更高。由于这次引进是以人工智能很擅长的识别图像寻找不良品为开发对象的，所以才取得了成果。

③准备了大量数据

积累了必要的数据，提供的数据也没太费工夫就用在了开发上。"获取新数据""整合多个数据使其成为开发用数据组合""部门间调整以获取数据"等与开发无关的工作上也没有耗费多少时间，这也起到了推动作用。

④预算和计划上的变通

企业了解开发需要一定预算和计划，因此没有强求低预算和短期间内完成。包括备齐数据和 PoC 等准备期间在内，整个项目在时间上都比较宽裕。

⑤成功控制期待值

在这个案例中，企业在委托之前已尝试过自行开发，并认识到了开发的困难性，因此对人工智能的过度期待和误解较少，这也起到了正面作用。目标并不是盲目地期待所有员工的工作都由人工智能替代，而是控制在减轻员工工作负担，可以说非常现实的期待值也是成功的因素之一。

肩负引领力没有捷径

1

没有捷径

在把这本书拿在手上的读者中，也许有人会想"能花 2 小时左右翻翻书就掌握商业数据科学吗"？当然不可能。2 小时能明白的内容，也就起 2 小时的作用。笔者认为"花多少时间，就会有多少经验和知识留给自己，发挥作用"。

学习没有捷径。如果非得说有的话就是，所有的道路都绕远，而那也是最近的道路。如果讨厌学习，从最初就不会对商业数据科学感兴趣。

2 小时就能明白吧？

发挥不了作用

花多少时间，就会积累多少经验和知识

在第二部分介绍了数据科学所需要的能力、具体方法以及案例。在此，不是总结之前学过的内容，而是谈谈思维方式。

2　即便不出成果也不要着急

即便通过学习掌握了知识并多次去一线获得了经验，但也有不出成果的阶段，也就是运动员"发挥不出水平"的时期。

而真正花费多少时间就出多少成果的人也少之又少，大部分人都会迎来被称为"死谷"的停滞期。也许会对理想和现实的反差很苦恼也很痛苦，但是，人生不是 RPG 模式。花费的时间与水平的提高并没有形成正比关系，即便在社会上活跃的大腕儿工程师或数据科学家也都经历过"死谷"，但他们成功实现了跨越。

我奉劝商业人士、工程师和数据科学家，无论在哪个职位上，都不要因不出成果而选择辞职或误入歧途。

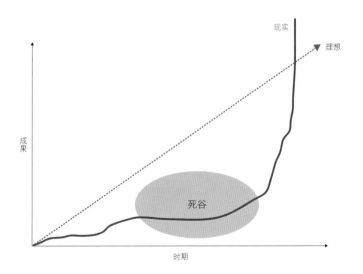

3

坚持定期学习

数据科学的世界日新月异。不仅是科学领域，技术方法在"处理日益高速""数据操作量更大"等方面也不断进化。无意之中，迄今为止未能实现的事情有了很大的可能性。

因此，为了掌握新方法，有必要参加学习会和演讲会，阅读相关书籍，坚持定期学习。如果不学习新技术和知识，就有可能被周围的人赶超。

笔者认为与其一个人学习，不如通过参加学习会或演讲会增加交友的机会。熟人增加了，就不会有"孤军奋战"的感觉了，精神上会轻松很多。特别是对于公司内没有可商量的人而不断积攒压力的人，应该尝试一下。

参加学习会

阅读

参加演讲会

"拥有不同能力的小组"

4

通过各小节的介绍，多数商业人士可能会感到"一个人独木难行啊"。由于大部分工作都是由眼睛看不见的互联网或计算机完成，所以商业数据科学领域容易被看窄。但实际上，如果想认真对待，就会有大量的工作需要完成。

不仅是创业企业，甚至在大企业中，也许都只有一名数据科学家在面对庞大的工作量。但是，越努力越会被周围人误解为"一个人也足够应付啊"，结果反而不会再增加人员。

一个人能做的事情是有限的，这是本书的主张。转为团队制，大家各自从事自己擅长的工作才能使商业数据科学发挥惊人的威力。

通过团队制发挥惊人威力！

有成就的人
都曾奋斗过

　　笔者（松本健太郎）不定期地为 IT 新闻网站（ITmidia）进行有关人工智能的采访，并通过采访结识了持各种立场的人士。

　　这些人物中，既包括东京大学松尾丰教授、驹泽大学井上智洋教授、静冈大学狩野方伸教授和产业技术综合研究所的深山觉先生等学术界人士，也包括田原总一郎、立宪民主党的出鹿明博众议院议员、经济学家铃木卓实先生等政治经济圈人士，还采访过因大力使用人工智能而出名的浜寿司连锁店和 BrainPad 公司的工程师，实际上本书的合著者假面分析员先生也曾经接受过我的采访。

　　接受采访者的一个共同点就是，他们都是非常勤奋的人，毫不吝啬地去学习，并始终抱着积极的态度。没有一个人说过"被公司训斥了""上司这么说我也没办法""人工智能可以发财"之类的话。

　　正是因为是活跃在第一线的人才会认真、勤勉地去奋斗。换言之，或许正是因为努力了才会处于第一线的位置。不管因果关系如何，笔者在第 108 页"肩负引领力没有捷径"的感言正是我的亲身体验。

PART

3

数据科学改变
商业方式

"数据"的优先度
大幅提高

尽管分析离不开数据，
但是仅仅采集毫无意义。
今后，或许日常生活中
方方面面的数据都会被采集。

◆ 仅仅采集数据毫无意义

日常生活中，谁都可能被问到过"您有积分卡吗?""您是 App 会员吗?"之类的问题。在 24 小时便利店、餐饮店、超市、网店上，积分卡、会员 App 随处可见，真的有必要如此广泛地使用吗?

使用积分卡可以获得了小小的利益，但是，如果从钱包中找积分卡或打开 App 要花费时间，其他客人等待的时间就会变长，而对于原本没有积分卡和 App 的顾客而言，更是没有必要的一道程序。特地花费时间和精力去攒积分本身就仅考虑到了数据采集方的方便，积分卡和 App 蜂拥而至并不是为了顾客的方便。那么，采集到的数据会如何处理呢?

积分卡不仅被其发行公司，还被发行公司的各家合作公司共同使用。会有人产生企业之间是否互相使用彼此数据的疑问，实际上，为了相互使用数据而进行的准备与加工颇为耗时耗力，如果再考虑到数据使用费等情况，互相使用的门槛的确还是很高的。

地点时间、年龄性别、购入商品等，对各种数据进行整合与分析就将花费巨大的劳力，而即使千辛万苦采集到了数据，如果只是原封不动地保存在公司则没有意义。必须将采集到的数据变为可使用的数据，并进一步发展为可分析的数据。

◆ 没有数据人工智能则无法发挥作用

可能读者会问，为何要如此这般地采集数据，这是因为在人工智能分析中，没有数据将一事无成。

谈到"数据"，不用说在社会上被称为"神Excel"和"方格Excel"的Excel，连PDF和纸质资料也无法作为数据加以使用。作为大前提，数据必须采用在数据库进行保管的形式。所以，尽管各家企业竞相开发（并不方便的）App、发行积分卡（以为了让钱包变得更厚），但困难之处在于如何与现有的积分卡联手采集数据。

通过这些积分卡和App，人工智能采集可以使用、可以发挥作用和可以学习的数据。另外，有些采集到的数据随着时间的推移质量会下降。由于分析精度取决于数据的质量与数量，因此有必要经常采集新的数据。

如果可以准备各种新的数据，人工智能就可以变得更为聪明，并提供可以让顾客满意的服务。比如，邮购网站（mail order site）如果可以采集到销售数据，就可以向顾客推荐更适合的商品。[01]

[01] 邮购网站的案例

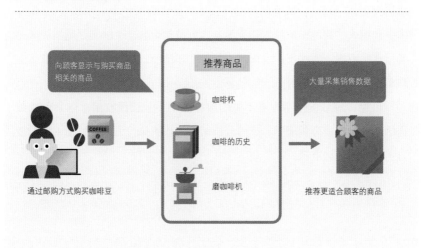

向顾客显示与购买商品相关的商品

推荐商品

咖啡杯

咖啡的历史

磨咖啡机

通过邮购方式购买咖啡豆

大量采集销售数据

推荐更适合顾客的商品

◆ "真实数据"（real data）的视角

通过积分卡和 App，数据采集日益普及，而现在"真实数据"正在备受关注。"真实数据"是指与生产生活密切相关的数据［02］，相当于制造业和生活基础设施从业者所说的"GAFA（谷歌、苹果、脸书、亚马逊四大互联网巨头）所不拥有的真实数据"。这种想法认为，不是在互联网上，而是在现实世界的生活与工作中发生的数据才具有价值。但现实中这些数据的采集、利用与分析并没有取得进展也是事实。

真实数据的事例包括工厂、通信器材、基站、医疗、人员流动、建筑、交通基础设施、生活基础设施、能源、自然环境、农业、建筑工地等。如果是有关人的数据，也可以通过视线和视线动向采集人脸、表情、健康状况等数据。

由于这些数据存在着与隐私权和人权相关的部分，因此世界各国在制定规则、采集和利用数据上还面临一些问题。

一家总公司在日本九州、利用数据的大型超市连锁店体现出的先进性可作为利用真实数据的事例。在超市设置的小型摄像头识别顾客的视线动向，采集和分析顾客在商品架选择商品的时间等数据的同时，店内打出或播出最适合每一位顾客的商品广告（当然也会保护个人隐私）。在没有多少利用人工智能印象的零售业界，这可谓是为数极少的实践范例。通过活用真实数据，或许可以发现至今仍无法理解的"为何这名顾客在商店会购买这件商品"的理由。

可见，对日常生活中看不见的数据的争夺战已经开始。采集保管数据的基础设施、分析能力、反映分析结果的政策执行力等，数据的综合能力正在日益受到重视。

[02] 日常生活中的真实数据

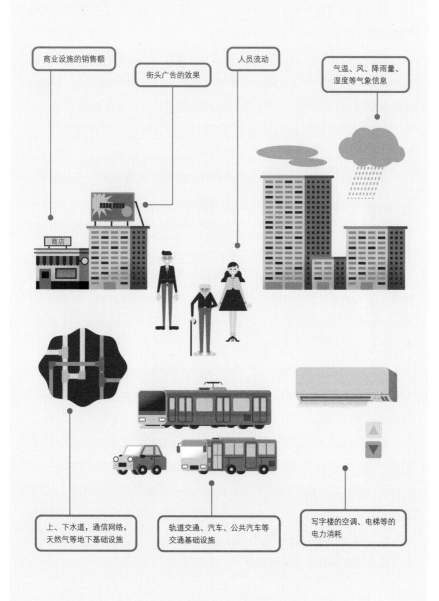

商业设施的销售额

街头广告的效果

人员流动

气温、风、降雨量、湿度等气象信息

商店

上、下水道，通信网络，天然气等地下基础设施

轨道交通、汽车、公共汽车等交通基础设施

写字楼的空调、电梯等的电力消耗

◆ This is Data. Everything is Data. 万物皆数据

有人曾说"数据就是新的石油"，是指石油是 20 世纪重要的资源，而数据将成为 21 世纪取代石油的资源。

以前，石油对于产业发展不可或缺，因此在包括开发权力和利益、军事力量等在内的国家战略中占据着重要地位。进入 21 世纪后，人们担心数据取代石油的地位，所有的数据都掌握在以 GAFA 为首的 IT 企业手中。将来国家和个人为了取回自己的数据，或许将发动对 IT 企业的不流血的战争。

此外，就像石油产品是通过对原油进行精炼而成一样，数据也是在采集后通过清洗（cleansing）和与其他数据组合后才会产生更大的价值。20 世纪中，"石油大王"掌握了世界霸权；而 21 世纪，或许掌握世界霸权的就是"数据大王"了。[03]

但是，并不是说只要采集了数据就万事大吉。为了提高数据分析的精度，采集大量且多样化的数据十分重要。以股价预测为例，如果不去分析经济指数、统计信息等各种要素，是不可能预测出股市动向的（尽管在现阶段原本就不可能准确预测将来的股价）。

如果可以采集所有的数据并预测将来将要发生的事情，就有可能成为统治世界的霸权。以前围绕着石油这一看得见的资源爆发战争，将来就有可能围绕数据这一看不见的资源发生超越国境的全球性冲突。

获得了个人在日常生活中医疗、健康、思想、发言、出行、饮食、恋爱、工作、教育、兴趣爱好等所有方面的数据，就有可能预测其未来并监视其行动。如果这样的技术十分发达，就有可能实现同动画片《心理测量者》（*Psycho-Pass*）、科幻电影《少数派报告》（*Minority Report*）那样预判罪犯并加以隔离的反乌托邦（Dystopia）社会。不管怎样，以前的科学幻想成为现实的日子离我们不远了。

［03］从看得见的战争到看不见的战争

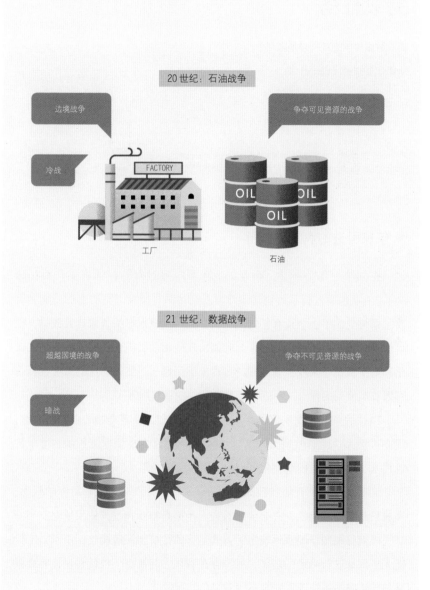

20世纪：石油战争

边境战争

冷战

争夺可见资源的战争

工厂

石油

21世纪：数据战争

超越国境的战争

暗战

争夺不可见资源的战争

不再是建好就算
完成任务

商业数据科学的发展必须随时
采集数据并经常进行升级。

无谓地添加多余功能并不是创新

◆ 仅仅引进的满足症候群

正如第一部分所述,企业的业务系统通过对外招标将工作委托给 SIer,由承包商进行系统内部的开发。经过多年反复进行的追加功能和修改,系统变成了一个没有任何人可以掌握其完成形态的圣家族大教堂。如果依赖对外招标和委托外者,会时而出现使用的黑箱化、维修成本的肥大化和系统从属于某些经验老到的负责人等问题。当然,引进的系统也具备可以长期使用的优点(尽管不能忽视硬件的维修期限)。

以往的系统开发主流是与本企业业务配套、从零开始的白手起家型,或亦可称为"<u>面面俱到型开发</u>"。面面俱到型开发在确保工程师、继承传统技术、预算和规模肥大化等问题上正在接近极限。

同时,在人工智能和数据科学的开发中,并没有完成和目标的概念,完成只是新的起跑线,有必要此后进一步提高精度和改善使用情况。与一旦完成就将按照已经永远确定的方式运作的传统型系统相比,由于人工智能无法保证进行确定的运作,或许存在着很大的缺点。也就是说,有必要具备与传统型系统开发完全不同的视角与视野。

PART3 数据科学改变商业方式

在人工智能中，"提高精度"→活用于业务→应用于其他业务是一组流程。我们必须适应在考虑到发生不确定运作可能性的基础上进行使用的新方式，而不是开发与固定形式相匹配的系统并不断修改的传统方式。

◆ 没有终点的开发与永远的升级

在没有完成概念的人工智能开发中，有必要经常采集各种数据并进行升级。让我们将永远不断升级的没有终点的开发作为前提，并将人工智能的适用范围推广到其他业务中去吧。并不是用人工智能取代人从事的工作就算大功告成了。影片租赁提供商 Netflix（网飞公司）通过网络接受 DVD 租赁订单并邮递的业务，取代了现有的录像带出租店。这家公司在以往业务培育起来的推荐商品分析技能和资金的基础上，发展成为世界性的在线影片递送平台。如果倦怠于本企业的服务和升级，而没有拓展出新的业务领域，在竞争激烈的 IT 业界，即使是该公司也早晚会走向末路。

开发系统的方面也要改变"建好引进即完工"的观念，应随时准备新的数据，建设可持续且高效升级的环境。为了实现这一环境，也可以探讨自行开发的课题。此外，不仅仅是用人工智能取代人的工作，打造新的商业模式也是关键。[04]

[04] **积累数据提升附加价值**

| 从零散的数据中挖掘出有价值的数据 | 仅仅积累数据没有意义，应带着目标组合数据 | 构筑本企业独自的数据和商业模式 |

◆ 通向运用真实数据之路

被称为真实数据的生活基础设施和产业界的数据种类多、数量大，因此在使用时有必要进行数据清洗。辅助进行数据清洗的工具——数据准备（data preparation）和ETL［抽取（extract）、转换（transform）、加载（load）］就日益重要。在某些情况下，工程师以外的公司职员或许也有必要学习SQL和编程。

不能形成诸如只有一部分人才会活用数据的封闭模式。通过所有员工都能够利用真实数据，就可以实现其他企业无法模仿、无法再现的数据分析，再加上差异化因素，将关系到本企业能否壮大。这样的技能将独家所有，其他企业无法复制转用，并将成为目前为止培育的工作基层知识和熟练工人所拥有技术的替代品，同时，也将有助于创造出活用本企业数据的新思路和新业务。

为了自己采集和利用数据，不仅仅是数据库的基础，还必须构筑考虑运用和合同等因素在内的环境。企业在自己掌握数据库的同时，应在内部防止数据的孤立化并横向发展数据的活用技能。总之，构建每个人都可以随时使用数据的环境十分重要。［05］

［05］**完善数据的重要性**

尚未完善的数据库

数据散乱，无法知道必要的数据在哪里

已经完善的数据库

可以在必要的时间得到必要的数据，企业全体员工可以共享

◆ 描绘生长周期（growth circle）

如何将不断增加的数据运用于业务和产品之中是企业的重要课题。即使采集并分析了数据，也不会马上取得成果。在不断提高精度直到产生明显效果之前，数据分析只能扎扎实实地埋头苦干 [06]，并以此为基础，在展望价值的创造与未来的同时进行有计划的投资。此外，还有必要思考其他企业无法模仿的技能等看不见的强项。

比如，在 App 中，最初都是从商品交易开始，并通过采集的数据不断进行识别商品图像、建议销售价格、加载结算功能等提高了顾客使用的便利性的各种改善。今后，随着将使用者的行动作为信用记录与对其的社会评价相挂钩等方式的出现，有望形成 App 经济圈。

在实际生活中将从社会基础设施中采集到的数据进行组合，就可能诞生新的商业。商业数据科学可能像不同种类的格斗同场竞技。比如，当自动驾驶普及后，根据利用频度和距离设定的生命保险投保金额可能会有所变化。为了健康而步行的人保险金会便宜，而只依赖自动驾驶不走路的人会因为运动不足而被判断为容易生病。尽管存在着隐私权和法律配套的问题，但新产品、新服务的诞生将与社会变化紧密结合。

[06] PDCA（戴明环）周期与努力

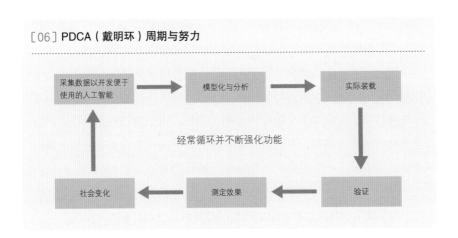

数据科学需要
强大的团队

为了将完善后的数据运用于业务，分析团队是不可或缺的。

理想的分析团队需要什么样的人才呢？

组建数据分析团队　　　　完全交由 SIer　　　由于人手不足向下转包　　为了添补人手委派能力较差的人才

◆ 分析团队的重要性

　　如果采集到了数据，就有必要组建将数据运用与工作业务的分析团队，而可以为企业利益作出贡献的分析团队实在是凤毛麟角。

　　经常有的失败多种多样，比如，"无法雇用人才""与必要的能力不相匹配""目标和 KPI 设定模糊""无法明确活动方针""团队管理及企业内部协调失败""成果没有得到正确评估""企业内部门间斗争"等。当然，像传统型的系统开发那样完全交由 SIer 的做法不在讨论的范围之内。

　　那么，什么样的团队才是理想的呢？<u>理想的团队是拥有业务所需的技能，在发挥每个人的特长、克服缺点的同时，可以覆盖从数据采集分析到运用于实践等各个阶段的工作。</u>当然，由于通过数据分析团队覆盖所有领域存在困难，因此也有必要在团队中加入推动企业内部协调的成员。

　　企业内部数据分析团队难以施展手脚的理由由多种问题复合而成，对于盘根错节和纵向管理组织依然根深蒂固的大企业更是如此。

◆ 数据分析团队的君主论

如要数据分析团队发挥作用，就有必要在企业内部构建相应的环境。实施至今不曾有过的新政策，需要进行决策的上层、在一线进行管理的中间管理层和负责具体工作的人员等，包括企业内外的众多人员都将参与。人数少且组织年轻的创业企业也就罢了，如果是规模大的老式组织，切忌一意孤行。

数据分析团队成员即使选拔了企业内的志愿者、来自其他企业的转职者和外包员工等，如果在推动企业内部改革的问题上力量不足，不采取措施也将无法持续而导致失败。为此，上层和管理层、在工作一线有影响力的员工应为分析团队提供支援，并逐步在企业内部贯彻数据分析文化。[07] 在这一过程中，数据分析团队将像少数精英组成的游击队那样在企业内提升影响力。

在 KKD［直觉、经验、胆量——三词的日语读法第一个字母分别是 K（kan）、K（keiken）和 D（dokyo）］处于统治地位的企业内部，想在一朝一夕之间就改革为 DNA［数据（Data）、数字（Number）、人工智能（AI）］是不可能的。有必要形成一种流程，即在通过自上而下的方式推动企业内部制度和意识改革的同时，也通过自下而上的方式将改革反映到工作一线基层，并在企业内推广数据分析文化。数据科学家学会规定的三种技能（商业能力、数据工程能力、数据科学能力）之外，重要的还有企业内部的政治能力。

[07] **数据分析团队的组成**

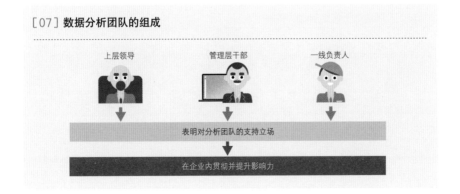

上层领导　　管理层干部　　一线负责人

表明对分析团队的支持立场

在企业内贯彻并提升影响力

◆ 什么样的分析团队可活跃于商业第一线？

什么是活跃于商业第一线的分析团队的成功案例呢？

从事生活基础服务、具有悠久历史与传统的"大阪瓦斯"可谓成功的代表。从数据分析团队成立开始，就被作为成功地在企业内扎根的模范案例加以介绍，团队领导还出版了书籍。

在这家公司里，团队最初也没有得到理解，在花费时间与精力与企业员工沟通的同时，团队克服了各种盘根错节的困难后才发展到了现在的地位。简言之，团队最初没有期待大的成果，从改善小的工作入手，不断平息对改革的抵抗反应，并逐步得到认可，从而在内部改变了企业。

此外，在数据分析中，选择较易取得成果的项目，作为成功案例向企业其他部门推广，通过 TKO（低姿态、诚恳、殷勤——日文三个词的第一个字母）与一线工作人员融合，进行脚踏实地的努力也必不可少。在仅仅只有自上而下的单向方式中，只因遭到一线抵抗即导致失败的例子就数不胜数。应让员工认识到，数据分析不能只依赖领导和外包的支援，长年在企业和组织中工作的人的行动也必不可少。只有一种方法，就是不去模仿其他成功案例，而是提升适合本企业的各种安排的灵活性，在不断试错的同时脚踏实地地改善。领导、部门、一线之间将数据分析文化作为共同主题，相互合作、反复试错的工作是必不可少的。[08]

[08] **可以活跃于商业的团队事例**

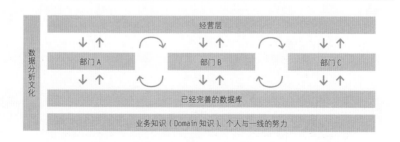

◆ "认识"→"理解"→"试行"→"推广"的周期

让我们继续深入探讨努力贯彻数据分析这个话题。作为一个周期，可以分为 "认识"→"理解"→"试行"→"推广" 四个阶段。

在认识阶段，有必要使整个企业内部认识到为何数据分析是必要的，包括有什么问题，如何解决这些问题，为何有必要进行努力等问题。因为如果在个人层面上没有对现行方法的危机感，是不可能真正着手开展数据分析工作的。

在理解阶段，人们明白了数据分析的重要性，并开始考虑如何推动数据分析并制订计划。由于工作一线和业务的不同，深化分析的方法也有所不同，在业务细分化的组织中，只有在具体负责者和一线层面上才可能提出最适合的方案。

在试行阶段，将实施各部门和一线层面上提出的方案。如果没有实施，则无法测算成果，也不会一次就成功。企业在不断试错的过程中探寻与部门和一线相匹配的数据分析使用方法。

在推广阶段，成功的方法、事例和技巧将向外部推广。如果证明同样的方法在有类似问题的部门也有效，那么就有可能花费较少的劳力和时间取得成果。此外，通过在企业外部推广本企业的成绩也有望在招聘和宣传上产生效果。

因此，这个"周期"就是企业组织在数据分析方面取得成功和胜利的关键。[09]

[09] **通过周期引进人工智能**

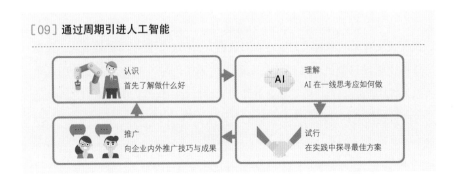

认识　首先了解做什么好

理解　AI 在一线思考应如何做

推广　向企业内外推广技巧与成果

试行　在实践中探寻最佳方案

"现有的战斗力"而非
"即战力"

改变企业不仅仅需要招聘数据分析人才，
还需要安排拥有业务知识的
一线工作人员和维护数据的工程师，
保持均衡十分重要。

◆ 培养现有员工的理由与背景

成立数据分析团队时，很多人会联想到招收外部人才的猎头方式。尽管这是日本甲子园全国棒球决赛常客的高中的常用套路，但由于这种方法仅限于一部分企业，因此培养现有员工才更现实。

包括数据科学家在内的人工智能工程师人才争夺战已经开始，招收大学应届毕业生和转职者等的招聘成本也在飞涨。为此，通过以往的年功序列型人事制度在待遇方面不可能笼络人才。

此外，并不是招揽到了人才就万事大吉了，还有赖于人才与企业和环境很好地契合并开展工作。为此，需要一面发挥才能一面可以获得周围支持的熟悉本国型组织的员工。不依赖于天才或一匹狼，而是在企业内培养努力型人才具有较易熟悉组织特点的优势。

总之，提升企业总体人工智能素养十分必要。在加强企业内部教育和安抚反对派的同时，为了寻求对数据分析的必要性不断加强交流。数据分析团队如果都是极其擅长技术的人才固然理想，但为了在企业内部可以发挥团队的能力，也需要业务知识和可以在一线推广的技术力之外的能力。分析团队的活跃离不开企业的整体性支持。

◆ 数据分析的无限可能性

在灵活运用数据分析后，让我们更进一步探讨需要经验与技术的工作吧。通过上述方法，可以发现"数据 × 业务知识 × 人工智能 = 无限可能性"的方程式。[10]

如果企业内存在独自的数据和技巧等"强项"，其他企业就难以模仿。利用而非只是封存这些强项正是数据分析的优势。这样的暗默知识尽管面临着"无法语言化、数值化""技巧来自偷师""不能告知外人"等批评，但必须打破这些既成观念向前发展。当然，因为工作一线可能的自负，以领导方针、外部调研建议等形式、为建立合作关系而妥协的方法也不可或缺。此外，并不是直觉、经验和业务知识的价值没有了，而是在与数据分析并存的同时推动数据化与共享化，从而消除负面意义上的工作从属于个人（属人化）的情况。

数据分析不可能只依靠数据科学家完成，必须有改善性能、交换信息、提出建议等来自第一线的反馈。进而言之，在寻求活用数据分析的业务和方法的问题上，了解一线的人拥有绝对优势。应在发挥双方优势的同时加强与一线的沟通。数据分析不为人所知的优点或许就是改变企业内部旧的思维方式和习惯。

[10] 所有的乘法都有无限可能性

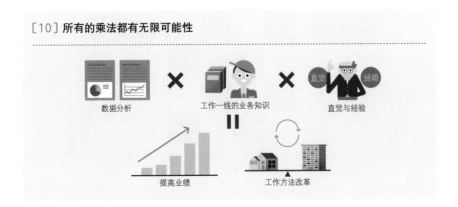

◆ 通过自上而下和自下而上进行真正的"工作方法改革"

"自上而下"和"自下而上"是组织理论中具有代表性的关键词。两种方法都十分重要，在提高组织生产率的问题上，如果没有从经营层直到一线的改变则没有意义。

为此，可通过数据分析如何解决妨碍生产率的瓶颈问题。比如，如果固执地要求所有工作都用 Excel，显然会怀疑这是忽视瓶颈问题的低效方法，企业会因为生产率无法提高而走上下坡路。如果想要推广数据分析这一新的方法，就必须在一线和经营层这两头贯彻意识改革。

工作方法改革尽管是为了"减少加班时间"，但将工作完全委托别人或拿回家完成并不是目的，不要求形式上的"表演"，而是追求成果的"展示"。真正的工作方法改革是什么，现在有必要再次思考这一问题。

首先通过自上而下的方式呼吁改革，推动现有规则和价值观的转变；通过自下而上的方式，以最优化的业务改革一线，这种方式十分重要。公司拥有众多长期工作的优秀人才是日本企业的强项，但改革也是清理因年功序列和终身雇用才可以继续工作的"累赘员工"和负面意义上的现场主义（以一线基层为重）的契机。让我们不管上与下，而是俯瞰整体来改变工作吧。[11]

[11] **俯瞰整体非常重要**

不是狭隘地将目光只盯着自己看得见的范围，而是通过从上下两面观察大局，发现真正应进行的工作。

◆ 旨在革新的组织体制

如果要确立理想的数据分析组织，并以对企业全体进行改革为目标，企业领导就必须率先改变。在经济杂志的采访中大谈"人工智能""真实数据""对抗 GAFA"不会使企业业绩好转。应从领导到一线都培养数据分析文化，并按照 "经营者" → "管理层" → "一线" → "产品" → "社会" 的流程改变社会。[12]

正如手机 App 一样，应该不断进行基于数据和反馈的改善工作。在规模大的组织中进行这项工作很困难，但值得学习之处也很多。

为此，提升员工素质十分重要，不仅仅是有关数据分析的技术层面，还必须建立不依赖其他部门开展工作，从工作全部外包转到自力更生的文化。必须摆脱在失去的 20 年中被视为正确的利用外部资源和削减成本的思维。即使将工作外包也无法使数据分析文化在组织内部生根发芽，自己动手、自主学习十分重要。

作为第一步，是否可以采取诸如让每一位员工都采集信息和学习等措施，改善在网络安全上十分严格的企业内部环境，放宽对链接外网的限制呢？在有限的信息中是不可能产生与创新相连的新想法的。

[12] 理想状态

经营者的展望　　数据采集　　工程师进行实际装载

对社会产生影响　　反映到生产中

保护个人信息
与数据

个人拥有的数据日益重要。在所有数据都可能被监视的将来，
个人信息会走向何处呢？

所有数据都有
可能被监视

◆ 正在变化的个人信息的重要性

近年来，个人信息管理和重视隐私正日益成为热门话题，这是因为大量且多种多样的数据可以反映在商业活动和生活之中。

但是，现实中与个人信息和网络有关的数据采集与管理的规定尚未完善，也存在着尚未制定相关法律的模糊一面。日本在 2003 年制定了《个人信息保护法》后，尽管多次修改，但仍有依靠业界团体等进行自我管制的部分。此外，部分由于各个企业不同的数据格式，以适当方式推动不同业种之间数据相互使用的工作也没有进展。

在大数据得到普及的今天，获取数据并利用于商业活动变得容易了。伴随而来的，是人们开始担忧本企业服务中的数据被转卖、大范围的个人信息泄露及补偿、推出针对个人的特定广告、提交司法搜查部门等各种问题的出现。

◆ 个人价值最大化的时代

在昭和时期（1926—1989年），地址和电话号码基本上是公开的，媒体的过度报道和忽视隐私受到了很多批评。此外，对买卖名簿、私人侦探所调查的规定也得以缓和，各种证明等官方文件也可由第三者提出申请并取得。其后，<u>随着《个人信息保护法》的制定和业界的自主管制等，对个人信息的意识发生了急剧变化</u>。

大数据和移动通信已经理所当然般地得到利用，如果今后汽车将因5G的普及而实现联网，无现金支付和区块链进一步普及，那么金钱的流动和权利信息也将逐步透明化。

与此相比，可以在个人信息得到保护的同时使用的服务也在增加。跳蚤市场的App最早采用了匿名交易、发货和付款，以尝试实现与传统型服务的差别化。另一方面，对炙手可热的人物进行SNS等的调查，特定其个人信息并在网上曝光的事情也并不罕见。

个人信息的重要性、危险性和价值都在日益增加，但使用者可能没有注意到，智能手机却降低了上网的门槛。因此笔者担心，尽管可以获得的数据的数量、种类、成本和方便程度都取得了戏剧性的进步，但意识和规则的制定、法律的制定方面却赶不上技术进步的步伐。[13]

[13] **联络手段的变迁**

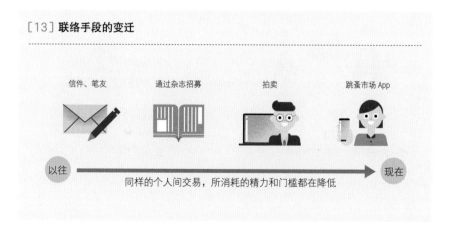

信件、笔友　　通过杂志招募　　拍卖　　跳蚤市场App

以往　　　　　　　　　　　　　　　　　　　　　现在

同样的个人间交易，所消耗的精力和门槛都在降低

◆ 自己保护自己的数据

世界各国都在开展制定有关个人信息的法律工作。日本每3年修订一次《个人信息保护法》，但依然问题成山。

在现实中，理解与自我保护对于个人数据的处理仍然是必要的。正如采掘石油的油田一样，个人可以生成各种各样的数据，可谓21世纪的油田。将生成的这些数据加以采集，作为资源变成有价值的形式，以便企业和国家可以活用这些数据。[14] 从个人使用的智能手机、智能手表中，可以采集到通话、短信、健康状态、定位信息、兴趣爱好等以往无法取得的各种数据。

极端而言，以使用规定为后盾、根据需要获取个人数据的事情也成为可能。打算走在街上采集口袋妖怪，却可能也替发行商采集了数据。当然，不会有完全忽视顾客个人隐私的使用规定，但不敢保证今后不会有。在即将到来的任何情报都将驱动社会、企业和国家的时代面前，是否有必要重新界定个人信息的概念呢？

[14] **数据成为21世纪的资源**

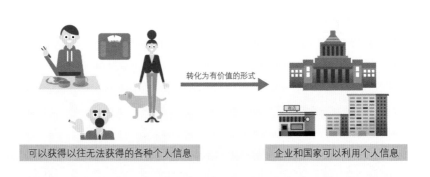

可以获得以往无法获得的各种个人信息　　转化为有价值的形式　　企业和国家可以利用个人信息

◆ 日本和日本人的数据有价值吗？

采集大量且多种多样的数据不仅需要设备，还需要通信基础设施和保管信息的数据中心。<u>在此基础上追求并实现信赖性和安全性则必须有先进技术和丰富的资金。</u>跨过了如此多的门槛，在日本采集日本人的数据到底有多大的价值呢？

日本尽管是 GDP 世界第三大国和拥有 1 亿 2000 万人口的市场，但是从少子老龄化、较低的 IT 素养、日语的语言壁垒、对品质要求较高的国民性、语言、法律和各种规定的壁垒等视角看，可能会认为在全球性服务中价值并不高。

如果日本被认为是人工智能、数据的落后国家，那么就有可能只有不向日本提供、而在国外使用很方便的服务。如果形成这种情况，到什么时候人工智能、数据的运用都无法取得进展。日本手机的加拉帕戈斯化（Galapagosization）现象或许也会被用于形容 IT 服务业。

◆ 通过数据的处理方法寻找企业的存在意义

个人信息的处理变得敏感，企业方面的苦恼也显露出来。比如，脸书（Facebook）被批评在个人信息管理和个人隐私保护的问题上存在漏洞，并被美国议会要求出席有关责任问题的听证会。在今后数据的问题上，或许将成为方便但没有隐私的时代，也可能成为不方便但却可以保持尊严生活的世界。

在产业界的"真实数据"中，也仅仅只存在尽快确定活用数据方向的呼声，数据的合同、保管、权利、收益等外部环境的建设并没有跟进。无论是顾客还是开发者，这方面的意识都很薄弱，对数据的处理没有明确的方针、徘徊不前，这正是现状。

和积分卡一样，如果 App 被过度利用，以本企业阵营为中心，缺乏对顾客的考虑，那么将会与顾客渐行渐远。实现数据真正意义上的安全性、便利性和顾客体验，才是企业活用数据的责任。

教育与数据素养

为了今后在人工智能和数据社会中生存，

在具备辨别信息真伪能力的同时，

活用数据的想象力和执行力也不可或缺。

◆ 靠不住的 IT 教育

2020 年，日本开始将编程教育义务化。目前，配备平板电脑、电子黑板等学校教育 IT 化正在推动之中。但是，如果考虑到以往 IT 教育中出现的教师不足、负担增加等问题，或许需要对 IT 教育进行根本性的改革。

一线和基层教育中的 IT 素养也存在诸如固定电话的联系网、通过纸质印刷品和联系簿共享信息、用传真联系等良莠参半的平等主义问题。在以前的"物造"时代，教育就是在限定期间内向社会输送大量顺从组织与规则的人才。但是在要求个性、多样性和创新的现在，以传统的均质化为目标的教育就受到了质疑。此外，讲授编程和计算机科学需要专业教员，但在严苛的劳动条件下，仅仅"有干头"是不可能吸引人才的。在这一领域也会时而出现传统的和产业界同样的照搬前例主义、偏重硬件主义和生产效率低等问题。

无条件地让人去遵守某个人制定的规则和形式，难道这种教育不是和运动会上的团体操一样，都是没有根据和盲目的信仰吗？即使在学校教育中引进了平板电脑和电子黑板，如果它们的使用方法和以前的设备一样，只允许按照规定好的方式操作而无法发挥机器应有的魅力，那么也就失去了教育的意义。这种素养的缺失和形式先行、没有目的的 IT 投资与产业界颇为一致。

◆ 义务教育中提高 IT 素养

笔者建议，为了在人工智能时代成为赢家，就应在义务教育中实现包括 IT 素养在内的"编程教育"义务化。编程不仅仅学习技术，更重要的是要在 IT 技术全面急速发展的现代社会中学习计算机和互联网的整体框架。SNS、安全、电子结算等，现在的成年人在孩童时代不存在的概念和服务不胜枚举。教学方面不能仅仅煽动危险性，重要的是正确讲授已无法回避地浸透到社会各个角落的 IT 框架。为此，有必要对教育基层进行改革，以便可以与"智能手机原住民"的一代进行沟通。

编程教育的义务化并非要求单纯地增加可以进行编程的人才，而是使从没有机会接触编程、才能无法施展的孩子们大展才华。编程很大程度上依赖个人的个性，才能凌驾于人数之上。比起培养只会敲键盘的一万名程序员，挖掘出一名可以改变世界的天才发明家要有益得多。因此，像体育和游戏一样，引发学生的兴趣爱好、发掘其才能才是真正的教育。如果不是教员单方面灌输，而是孩子也自发学习，大人没有注意到的能力就会得到最大限度的释放。[15]

[15] 通过自发努力伸展能力

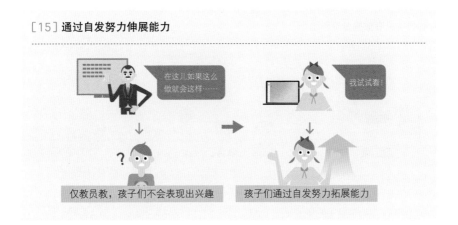

仅教员教，孩子们不会表现出兴趣　　孩子们通过自发努力拓展能力

◆ "东大"毕业生成为"废物"代名词之日

传统的填鸭式教育的局限性日益明显，将无法适应未来的人工智能和数据科学时代。难道不应该对死记硬背很多古旧知识以应付考试的偏重知识型教育进行改革吗？

在现代社会，自己不改变自己则无法生存。让我们经常采集并不断更新最新信息，并拥有像创作家、创业家那样的创新思维吧。因引进人工智能而被裁员，是因为只能从事可以被人工智能取代、无法应对变局的工作。发明并推动新事物就不可能被人工智能所取代。让我们充分用信息武装自己，提高应对变化的能力吧。

将来更需要的不是背诵和填塞知识的能力，<u>而是想象力、执行力和在不同领域合作等输出新价值的能力</u>。在这样的社会，传统上受到赞誉的"东京大学毕业"的学历或将成为无能和没有价值的代名词。仅仅记住大量"一查就清楚""过去曾经有人发现过"的事情，只不过是单纯的数据库。数据库只是过去的知识，如果没有被称为洞察力和创意的由人类给予的附加价值则毫无意义，因为"东大"毕业生知道的事物如果检索自然也能知道。当然，基础教育对于理解内容是必要的，但同时也不应仅偏重记忆力和知识量，还要重视创造性。[16]

[16] **仅有数据没有价值**

记忆力和知识量　　　发挥创造性　　　变成有价值的数据

◆ 2020 年后要求的生存素养

义务教育中没有传授过的素养，所要求的就是为了在人工智能、数据社会中生存，必须牢记"麻木就无法生存"。只是原封不动地接受被给予的信息并按照铺好的轨道前进无法生存。在互联网纠纷络绎不绝的社会里，"正确"的证据在哪儿呢？需要的就是辨别真伪的能力。

比如，拒绝接受疫苗的预防接种，捏造并传播假新闻等，一部分人只要自己方便就连这些毫无根据的谣言也会当真并接受。IT 技术并不是为了产生这样的人而发展起来的。

在各种各样信息泛滥的今天，应去调查和思考真伪，辨别虚实。<u>素养与辨伪的重要性日益增加。</u>父母也好、老师和朋友也好，意见领袖或油管播主（YouTuber）也罢，他们的发言是否是真实的？如果不培养自己发现和辨别谎言的能力，在人工智能不断发展、充斥着比现代更加带有某种意图的信息的社会中将无法生存。在伪装成事实、诱导意见和以欺诈为目的的假新闻横行之中麻木地生活，只能成为情商低下、易于受骗的受害者。[17]

[17] 辨别信息十分重要

这个信息是真的吗？

在 2020 年以后的社会无法生存

辨别各种各样的信息是否真实十分重要

数据科学如何改变未来

1 数据战争已经开始了吗？

在所有的事物都被数据化与数值化，人工智能、数据科学已成为理所当然的时代里，传统的成功经验和常识不再通用，个人不强大则无法继续生存。此外，个人价值和隐私是绝对不可侵犯，还是为了利益与方便可以放弃，或许会出现两极分化的情况。在此基础之上，每个人必须具备 DNA（数据、数字、人工智能）的素养，并选择向谁提供数据。或许个人所有数据都会被采集和分析，并影响上学、工作、结婚等人生道路的世界不再是科学幻想。

如果进入了数据时代，也就是"新石油"的时代，以往争夺石油的战争就可能成为企业争夺数据超越国境的战争。如果这样，能依赖的只有自己。每个人都必须进行抉择，是否要将数据、个人信息与便捷性进行互换，以及需要什么样的生活方式。

技术进步与社会变化不会停止，停止即意味着在国际竞争中面临失败。为了生存，有必要培养一定的适应力以应对外部环境的变化。

第三部分对数据科学会如何影响商业活动进行了说明。最后将就数据科学会带给未来什么提出笔者的看法和建议。

2 革命日

日本存在着"少子老龄化"的劣势、经济增长停滞、劳动和服务市场价值低迷、不断积累的非计算机时代的经验和技术崩溃等各种风险。假如为了要维持社会而进行根本改革，就只能对传统生活方式进行重大改变。不仅仅是已经开始崩溃的年功序列和终身雇佣制度，社会保障、生活基础设施、老年福祉等都可能无法维持现状。如此发展下去，对个人生存能力的要求将更高。

①放弃现在的企业和工作将永远持续的幻想。

②磨练可在各行各业通用的技能。

③不只是完成交给自己的工作，而且创造新的工作。

④经常思考换工作、独立、换居住地的可能性。

让我们经常想着①—④这 4 点并认识到，对谁而言，时间都是唯一平等的资源。由于今天是数据和时间的争夺战，因此有必要致力于提升 DNA（数据、数字、人工智能）素养以不让自己的时间被夺走。

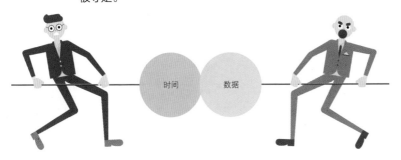

时间　数据

3 在技术力上的失败

在今后严酷的社会中如何生存将取决于人的能力，为此必须改变自己。传统上有价值的技术、经验和人际关系等广义上看得见的劳动力的价值将会下降。近数十年来，通过计算机，这一被称为无限激发出才能的资源，正在形成迎来超越国境、年龄、性别、宗教、种族和法律的生存竞争的社会。20世纪，人们在以人为劳动力的领域谈论资本论，而在新时代，人工智能和数据将成为资本论。

"二战"战后复兴和制造业席卷全世界，日本迎来了泡沫经济的破灭和失去的20年，在经济力上遭到了失败的打击。而由于不适应IT时代，随着互联网和智能手机的出现，可以说日本在技术力上遇到了重大挑战。必须再次认识到，现在的日本既不是世界经济大国，也不是技术大国了。

从战舰到战斗机　　　从泡沫经济到破灭　　　从物造（制造业）到人工智能

4

学习《乌龙派出所》！来当两津勘吉！

在生活方式发生根本性变化的未来，我们该怎么做呢？

在生存竞争中获胜的范例之一就是漫画《乌龙派出所（这里是葛饰区龟有公园前派出所）》的主人公两津勘吉。

两津勘吉身为警官，却同时拥有开创新事业的轻松心态和行动力；经常可以把握流行与时事形势的捕捉力；不拘泥于"有钱即有一切"的实利主义和常识、习惯等现有障碍的大局观；超越国境与语言的活动力。如果再与招人喜欢的人情味结合在一起，就是一位在任何地方、任何环境中都可以生存的卡通人物。

可能读者会想这只不过是漫画的世界，但是以前乌龙派出所描绘的事情正在变为现实。就像人工智能也会有冬季一样，从当时的人们看，现在的人工智能泡沫才是漫画里的世界吧。但是，世界正在逐渐向无法预测的方向发展。让我们每天都思考如何生活，经常更新信息，挑战新的商业活动和技术，培养不局限于现有框架的能力吧。

可能最厉害的是创造了两津勘吉这位漫画人物，经常提供新的话题，40 年间从不休息在周刊杂志上连载的作者秋本治先生吧。

开始全新商业活动的行动力

不拘泥于现有常识

把握流行与时势的捕捉力

超越任何障碍的活动力

创造新的商业机会

143

专业词汇

大数据

大数据是指随着技术发展而从各种机器中得到的数量庞大的数据，由Volume（数据量）、Variety（数据种类）和Velocity（数据产生速度），即3V组成。与传统相比，由于可以高速处理大量数据，因此有可能解决新的问题，进行新的发现。

BI 工具

BI 是商业智能（Business Intelligence）的简称，是分析企业储存的庞大数据、帮助企业进行决策的工具。BI 工具不仅可以分析大量数据，由于还可以通过坐标图等进行可视化并在第一时间确认信息，因此也有利于更容易地把握现状。

人工智能

可以代替理解语言、推理、判断等人类智能活动的技术。人工智能分为擅长于某个特定领域的"弱人工智能"和在思考、行动等方面拥有与人类同样智能的"强人工智能"。使推理和探索成为可能的人工智能第一波浪潮、尝试通过记忆大量知识解决问题的第二波浪潮均已过去，现在人工智能通过机器学习和深度学习技术的发展自行思考寻求最佳答案的第三波浪潮正在兴起。

机器学习

基于各种各样的数据反复学习，从中发现特征与模式并进行分析的方法。机器学习大体分为三种，即通过给出输入数据和正确答案的组合进行学习的"监督式学习"、不给出正确答案的数据而从给予数据中发现数据规律的"无监督学习"和不给出明确答案而通过不断试错解决问题的"强化学习"。

GAFA

谷歌、苹果、脸书、亚马逊四家企业英文名称第一个字母的合称。这四家巨大 IT 公司的总部均在美国，在世界股市中股价总额均名列前茅，作为商品、服务、信息的提供平台丰富了人们的生活。

SIer

System Integrator 的简称，是指构筑、运用企业系统的系统集成商。最近使用 SE 的情况也多了起来，SE 是指从事自构筑到引进系统的一系列工作的个人。

加拉帕戈斯化

以走上独自进化道路的加拉帕戈斯群岛为比喻的日本独特的商业用语，是指实现了独自的技术和服务进化从而与世界标准分离的现象。尽管拥有可以在规模较小的市场提供高满意度产品和服务这一优点，但如果实现了世界性的标准并带来国际市场的整体价格下降，消费者还是会寻求价格更为低廉的产品和服务吧。

工业 4.0

德国主导推动的制造业计划，也被称为"第四次工业革命"。通过利用 IoT 等技术实现产品品质与生产状况的可视化，提高生产效率。各国在制造业方面的类似举措包括日本的"Connected Industries"，美国的"工业互联网"和中国的"中国制造 2025"等。

Society 5.0

日本政府提出的科学技术政策基本方针之一，指继狩猎社会（Society 1.0）、农耕社会（Society 2.0）、工业社会（Society 3.0）、信息社会（Society 4.0）之后的新型社会，旨在实现利用人工智能、IoT 等最新技术使每个人都可以更愉快、舒适和方便地生活。

IT 素养

可以管理和使用通过信息机器、互联网等得到的信息的能力。如果提升了 IT 素养，就有可能从庞大的信息中得到正确信息，并准确发现与自己的目的相符的信息。最近，员工向 SNS 泄露不适宜的视频等引发争议，由于这样的事件将严重损害企业形象，因此企业有必要对员工进行这方面的彻底教育。

无现金结算

不使用现金，而通过信用卡和电子货币进行结算的方法。由于用智能手机就可以完成结算，因此没有必要携带现金出门。现在各国的无现金化都在发展，而有着使用现金"信仰"的日本则处于落后状态。

IoT

Internet of Things 的简称，即物联网。通过互联网将电视、空调、时钟、眼镜等身边之物连接起来并相互通信，使生活变得方便，并创造出新的商业机会。在汽车行业和医疗领域等各行各业中有望取得成果。

SaaS 型

Software as a Service 软件即服务的简写，指不是像以往那样通过将软件打包提供服务，而是通过云服务等使服务成为可能。其特点是除了可以只根据需要利用必要功能外，如果存在互联网环境，还可以在自己希望的时间进行访问。由于可以多人进行管理与编辑，因此也可以在企业进行推广。

GUI

即图形用户界面，指通过计算机和软件显示信息时采用图像和图形等多种形式，使客户可以进行视觉上和直觉性的操作。与此相比，所有的沟通都通过文字进行的方法被称为"GUI"。

PoC

Proof of Concept 的简写，即观点验证之意，是在项目正式运作之前就目标能否实现、效果能否达到的验证工程。各种开发项目都在利用 PoC，特别在使用 IT 和新技术的项目中，进行 PoC 是必不可少的一环。

Annotation

注解、标注，在 IT 领域表示对与某个数据有关的信息进行注解工作之意。特别是对于机器学习而言是不可或缺的环节。比如，如果是猫的图像就标上"猫"的注解，如果是狗就标上"狗"的注解，这样机器就可以识别范例，使正确判断与预测成为可能。

数据准备（Data Preparation）

从各种数据来源中获取大量数据，并进行使其处于可分析状态的准备工作。数据采集和加工需要工程师的技能，但由于谁都可以简单操作和利用数据准备，因此颇受大企业的关注。

ETL

整合数据过程中的 Extract（提取）、Transform（转换）、Load（装载）第一个字母的缩写。通过 ETL 的过程，提取企业内的各种数据，并归纳为易于分析和加工的状态，从而大幅改善工作。通过装载 GUI，可以凭直觉进行操作，有的工具还可以高速处理大容量的数据。

5G

第五代移动通信系统，作为新一代通信技术备受关注，各大企业均以2020年投入使用为奋斗目标。"高数据速率""超低延迟""大规模同时设备连接"是其三大特征，5G 是迎接 IoT 时代到来必不可缺的通信技术。如果 5G 得以实现，不仅在日常生活，在物流、医疗等各个领域也有望得到广泛的发展。

区块链

以比特币等虚拟货币为核心的技术，不仅应用于金融，还广泛应用于医疗、房地产、食品流通等各个领域。由于采用使用者共同管理的"P2P"方式，因此即使不通过银行等机构，当事者之间也可以进行直接交易。另外，从区块链外部可以观察所有的交易，而每个交易都进行了密码化处理，因此在安全方面也拥有很高的可信度。

编程教育

从 2020 年、2021 年和 2022 年起，日本小学、初中和高中的编程教育将分别成为必修课程。但是小学的编程课并不是去理解编程语言，其目的在于通过编程培养缜密逻辑思维能力的"编程思维"。在海外，编程教育正在大力推广，现在日本处于略显落后的状况。